放下的力量

冷 锋◎著

吉林出版集团股份有限公司

图书在版编目（CIP）数据

放下的力量 / 冷锋著 . — 长春 : 吉林出版集团
股份有限公司 , 2018.7

ISBN 978-7-5581-5240-5

Ⅰ . ①放… Ⅱ . ①冷… Ⅲ . ①人生哲学 – 通俗读物
Ⅳ . ① B821-49

中国版本图书馆 CIP 数据核字（2018）第 134172 号

放下的力量

著　　者	冷　锋	
责任编辑	王　平　史俊南	
开　　本	710mm×1000mm　　1/16	
字　　数	240 千字	
印　　张	17	
版　　次	2018 年 8 月第 1 版	
印　　次	2018 年 8 月第 1 次印刷	
出　　版	吉林出版集团股份有限公司	
电　　话	总编办：010-63109269	
	发行部：010-67208886	
印　　刷	三河市天润建兴印务有限公司	

ISBN 978-7-5581-5240-5　　　　　　　　　　定价：45.00 元

CONTENTS 目录

第三章　放下姿态，大智若愚

第四章　放下虚妄，轻松自在

CONTENTS 目录

第五章　放下贪念，悠然自适

第六章　放下浮躁，从容自得

第七章　放下强求，随遇而安

CONTENTS 目录

第八章　放下狭隘，助人为乐

01

放下痴妄，
知足常乐

心里平静的时候，往往经不起一点点的灰尘，此刻的心像是一面透明的镜子，无所不照，而自身的本体也就显现了出来。心处于平淡的状态，爱好是平淡广阔，心趣总是平稳自在，这时候便能看出心的真趣，没有一点掩饰之处。人的很多烦恼来自自身的欲望，欲望叫人痛苦，执着让人痴妄。而真正的禅意在于放下本该不属于自己的欲望。没有痴妄便是坚强，放下欲望便是刚强。

以平等之心 对待每一个人

　　众生平等是一种心态。在现实生活当中，有太多的人过于计较得失。得意时满面春光、沾沾自喜，看不起任何人。失意时，整天抱怨社会的不公平，闷闷不乐。终日处于痛苦纠结当中，惶惶度日。这又何苦呢？用平常心对待平常事才是正道。

　　《云在天，水在瓶》中讲：朗州刺史李翱与惟俨禅师两人之间的一段对话。李翱是唐代哲学家、文学家，是思想独立的政府官员。当时惟俨禅师在澧州（今湖南澧县）的药山住持寺院，法席很是繁盛，与李翱居官的朗州（今湖南常德）相邻。李翱听别人说惟俨禅师的佛学渊博，便多次以父母官身份派人去请惟俨禅师下山沟通禅理，但惟俨总是给予拒绝。李翱实在是想不通，便亲自进山拜访禅师。刚见面时，惟俨禅师只顾专注读经，目不斜视，一点打招呼的意思都没有。身旁的随从和他说："太守在此。"李翱个性急，身份又相当于如今的市长，面对惟俨禅师的故意怠慢，火气一下就来了，但还是稍加克制地说："见面不如闻名。"（即：虽然你名声大，但见面一看也不过如此。）此话刚说完，惟俨禅师便大叫一声："太守！"李翱条件反射地立马应了一声。惟俨禅师反问道："何得贵耳贱目？"（你怎么当了官就学会了摆架子，只喜欢听恭维的话，低看他人？）李翱急忙拱手道歉，便问道："道是什么？"惟俨禅师指了指天上地下，说："明白吗？"李翱说："不明白。"惟俨禅师说："云在天上，水在瓶中。"李翱听后瞬间大悟，笑容满面，很是开心。

惟俨禅师的话句句平常自然，即所谓的"在平常自然状态下，保持平常心"。李翱后来专门写了两首七绝诗送给惟俨禅师。其中有两句是这样的："我来问道无馀说，云在青霄水在瓶。"

一般来讲，身居职场的官员，如果自身有大学问，难免会有沾沾自喜的表现，即使是面对与世无争的僧人，也不会放弃表现自己的机会。但是正因为是学问家，所以知书识礼，感悟性高，对手聪慧，也能欣然领受，虚心以待。

贵静禅师是宋代人，与当时著名学士曾会相交甚笃。

一天，两人在淮水边偶遇。曾会问道："禅师，你这是要到哪里去呀？"

贵静禅师说："云水僧四海为家，没有固定的去处，到钱塘去可以，到天台去也可以。"

曾会说："禅师若要去灵隐寺，我把我的方外之悟生禅师介绍于你，他是方丈，必定会好好接待你。"

于是，贵静禅师带着曾会的信函去了灵隐寺。到了目的地，他就像普通僧人一样挂单住进了僧房，并没有把曾会的信函给悟生禅师。就这样天天上殿、过堂、参禅、早起早睡，整整过了三年。

第四年春天的一日，曾会有事来到浙江，顺便去灵隐寺探访贵静禅师，可令他没想到的是：他将整个寺院问了一遍，也没有一个僧人知道。就连悟生禅师也不是很清楚。

听曾会这么一说，悟生禅师便到各个僧房去寻找，寺内有僧人一千多，他一一辨认。找到贵静禅师后，曾会便问贵静禅师道："你在此这么长时间，为何不去拜见一下悟生禅师呢？难道是把我的信函丢失了？"

贵静禅师说："我是个云水僧，一无所求，岂可打扰别人？"说着，就把信函递给了曾会，二人相视大乐。

无独有偶，慧智禅师是一位平心处世，藐视名利、权势之人。

一天，慧智禅师正在讲经，梁武帝驾到。众人慌忙起身迎接，下跪叩拜圣上。唯有慧智禅师纹丝不动。梁武帝的近侍叱喝慧智禅师说："圣驾在此，为什么不拜见？"慧智禅师坦然答曰："法地如果动摇，一切都会不安的。"

根据当时的习俗，帝王驾到众生都得起身迎接跪拜，以此维护封建等级制度的尊严。但这并非是佛场中事。在梁武帝看来，以信佛礼佛为手段，来达到巩固帝位或长生不老之类的欲望，这仅是一种交易，并不遵从人人平等的理念。

佛家讲："众生皆平等，人人能成佛。"倘若让佛法屈从于帝王威势或者其他人，便是法地动摇。慧智禅师看出了梁武帝的私心，便以佛法大于帝法给予回敬。

所谓"众生平等"，不仅仅是指别人平等待你，更重要的是你要以平常心平等对待他人。从古至今，人类社会从来都是有差别、有等级之分的，尤其是在封建社会。因此"众生平等"是人类追求的一种终极理想。然而，在佛家看来，想要世界变得平等，先要自己学会用平等的眼光看世界。

以平常之心
看待每一件事

"平常心"是道，是悟禅的最高境界。在白居易曾经当职的某个地方，有位鸟居禅师，因为像鸟儿一样在树上建房子而居，便得名叫"鸟居禅师"。一日，白居易向其请教佛法，禅师却讲得很简单，说："诸善奉行、诸恶莫做。"即遇到好事就去做，遇到不好的事就不要做。白居易对此讲法很不满意，便说道："这个道理连三岁孩童都懂得，还用大师您来讲？""鸟居禅师"笑笑回答说："三岁孩童能道得，八十岁老翁行不得。"这就是讲禅的精神重点在于"实践、落实"。道理不一定多深奥，而在于你能否坚持并实践。

凡事有两面，人生亦如此。有苦也有乐。苦的时候要保持内心的快乐；快乐的时候，要想起苦。平常心处世，你就会活得淡定、平静。

一日，慧铮弟子问慧铮禅师："师父，我见您也没有什么与众不同之处啊，但为什么您总是能潇洒自在地生活呢？"

慧铮回答道："困了就睡觉，饿了就吃饭；吃得心安，睡得舒心。"

弟子又问道："每个人不都是这样吗？"

慧铮又说："从表面上看是一样的，但其实质不是这样。我吃饭的时候就是简单吃饭，睡觉的时候就是简单睡觉，凡事都不多想。所以吃得舒坦，睡得舒心。试问芸芸众生，有多少人是这样呢？恐怕是少哦，吃饭的时候想其他的事，睡觉的时候又在想其他的事，总是不能专心致志地做事，怎么能吃得心安，睡得舒心？"

弟子立马感悟道："原来如此，平常的生活平常对待，保持一颗平常心才是真正的禅！"

一日，有人为追念亡父，便请了一位法师主持法事。法事完毕，法师便归寺。就在这么一件简单的事之后却发生了一件意想不到的事。

事情是这样，在请法师来做法事之前，此人在佛坛的一个抽屉里放了100两银子，法事完毕后，银子便不见了。此人心想，佛坛只有法师一人进出过，并没有他人，此时银子不见了，必定是法师。于是他很是愤怒。便于第二天上山到寺院向法师要银子。

法师听明白他的来意后，轻声对那个人说："对不起，怎么出了这样的事。"顺便拿了100两银子让他带走。此人见银子失而复得，法师态度不错，便不再追究回家去了。

时隔不久，此人的儿子外出办事回家，他将此事告诫儿子。殊不知，儿子听后大吃一惊。原来当时办事紧急，没来得及与他说明，便匆匆取了放在佛坛rmn抽屉里的银子。此人听后倍感惭愧，亲自上山给法师道歉并如数归还银两。

法师的胸怀真可谓宽广。

其实，"身正不怕影子斜"，一些令人烦恼、气愤的事发生后，与其追究什么，不如任其发生。真理自有明辨的时候，事情的真相总有说明白的时候，以平常心对待一切变故。

有一个孩童，虔诚地请求慧德禅师拜师出家，道："收我为徒吧，我也想象大师一样能救度众生。"

慧德禅师说："这禅宗门里，不是银轮王的嫡子，就是金轮王的孙子。都是正统血宗，为不损坏宗门风气。你这凡间小童怎能入得了这宗门？你还是走吧！"

孩童听后，讲："禅师乃佛法人士，怎会不懂得万物平等之理？禅师若以我出身不高贵而拒收我做徒，恐怕有违佛法。"慧德一听，此童颇有慧根，便收之。

佛法讲究"万事万物皆有生命，皆有灵性，皆有佛心"。众生平等，无高低贵贱之分。从诞生至命末，每个人都是平等无异的。请听下面这则"禅师似驴"的故事。

妙能禅师和寂空禅师的一段对话。

寂空问："你来干什么？"

妙能回答："参见禅师。"

寂空就问："你看见禅师了吗？"

妙能回答："看见了。"

寂空又说："你看禅师像不像一头驴？"

妙能回答："我看反正也不像佛。"

寂空又问："你说不像佛，那像个什么？"

妙能答道："如果说像，那还是一头驴。"

寂空听后，大笑地说："凡和圣都已忘掉，妄情除尽，实体显露。我用这个话来检验弟子们，洞察他们的心理状态。时经许久都没有人能辨明了悟。只有你，有这个清醒的看法呀，要保持下去。"

事后，寂空常对人夸妙能，说："此人是肉身佛。"

宋代有位禅师讲："一朝风月，万古长空"，是说游戏人间，便能体会永恒。可惜的是大多数人只是游戏人间，却不能了解人世后的实质。有人认为世间太过肮脏，便躲进深山老林中，从此不问世事，每天长叹万古长空，如何能融入到一朝风月当中呢？"异旧时人，不异旧时行履处"，开悟是内心世界产生变化，人依旧生活在世间。并不是一旦开悟，就成了一个"圣人"，这是没有平常心的。"平常心是道"，开悟后应更加平常才是正常的。所谓到了经过人生境界第二道"见山不是山，见水不是水"后，跨越到人生第三境界"见山还是山，见水还是水"。

佛家不讲崇拜偶像，不分凡人和圣人，认为平常就是禅，本心就是佛。寂空把自己比作是驴，不是一种自嘲自谑，而是在他看来万物皆平等，驴不卑贱，人也不高贵。同时妙能能悟得"凡圣两忘"的禅理，认为"禅师似驴"，没有什么不妥。此二人才为真正的智者。他们打破对佛的神化说法，还原其平凡的原本实质。

以清醒之心
应对金钱的诱惑

生命的最高境界无外乎"无争、无价、平静、幸福"。财色与名利是人间之泡沫与灰尘，何必以死相争？将生命耗在名利之上，到头终究还是一场空。清明自在才是生命的至宝，它能让人生活的充实，回避世俗，体会到生命的本源，找到真正快乐的人生。

禅的智慧是发自内在的精神变换。

"犹如木人看花鸟，何妨万物假围绕"。人们为什么总是不能认清自己？原因多半归结与真心总是被凡尘封锁。就像一面光洁的镜子，长期尘埃覆盖，怎能凸显出它的光亮？

想要凌驾于万物之上，万不可执着于一事一物，唯有此境方可独超事外，千法对一事，万事可解得。

世间之事，求则不得，不求则得之，故而不得求之。仅空了不行，还要把这个空的境界升华到净空，如非絮窝，空空如是。

钱财之物，生不可带，死不可取。财不可积，要散，愈散愈多，愈多愈散，决定不能积，久积成病、成恶。

禅讲一心一意，真正的禅师总是任其自由发展。既不执着于理，也不执着于物，这才能真正体验"禅"。

平日里我们总保持快乐的心情，不为身外物的牺牲而耿耿于怀；不为与他人的分歧而愤愤不平；不为生活中的悲欢离合而大喜大悲……那么，我们的生活总是幸福的、快乐的。

某日，两个很要好的朋友在林中游玩，忽然有个惊慌失措的小和尚跑了过来，还不小心撞到了他们。于是两人便问道："前面发生了什么事，为何如此慌张？"

小和尚惶惶地说："我本在移栽小树，却挖到一大坛子金子。"

两人暗自窃笑，心想："这个小和尚真是傻，看见金子还害怕，我们要有那些金子不就发财了吗。"于是问道："你在哪里发现的，告诉我们吧！"

小和尚说："你俩还是不要去了，金子是有毒的，它还会吃人。"

两人异口同声地说："我们不怕的，你就说在哪里吧。"

小和尚见状无奈，便告诉他俩详细地点。两人迅速到达目的地，果然小和尚说的是真的，真的有一大坛子金子。此时两人各怀各心思。

其中一个对另一个说："现在天这么亮，咱俩要是这么明目张胆地把金子运回去，肯定会有其他人发现，太不安全了，等到天黑了再往回运吧。我先留在这儿看守，你先回去带一些食物来，咱们好有体力搬运，顺便再带几个袋子回来，这样也好搬运。"

于是，另一个人就回去取饭菜取袋子了。

留下的人心想：这么多金子都归我该多好？等下他回来，我先弄死他，这些金子就都是我的了。他暗自窃喜着。

回去取饭菜的那个人也在想：我回去先吃饱饭，然后在给他带的饭里下毒，他死后，我再一个人把那些金子运回来。

于是，回去的人提着带毒的饭菜回到树林里，刚到，就被看守金子的人从背后用木棒狠心地敲死了。然后看守金子的人开始装金子，金子实在太多了，装到一半的时候感觉实在没力气了，就稍做休息，把刚才那个人带来的饭菜狼吞虎咽地吃了进去。没多时，他就意识到自己中毒了。临闭眼前，他才想起小和尚的话，金子真的有毒，真的会吃人。傻的不是小和尚，而是他们。

故事看完了，其实人们都懂得不是黄金有毒，而是人心不足。贪欲总是会把人带向罪恶的深渊，让人失去理智，相互摧残，相互欺诈，甚至使最要好的朋友相互厮杀，害人害己。往往等到自己悔悟之时，都为时已晚。下面还有个这样的例子：

在一间很破的房子里，有一个很穷的人，穷得只有一只长板凳。有一天他躺在长凳子上想，将来要是我发财了，绝不那么吝啬，不像现在那些有钱的，什么都舍不得施舍给我。

就在这时，有位神仙正好路过他家，看见他这么穷，又听到他刚才说的想发财的话，于是决定帮帮他，便出现在他面前，告诉他，我有个神奇的钱袋子，这里面永远都有一枚金币，但是有个前提是，要想花掉金币，必须把这钱袋子扔了才行。

说完神仙便走了。这个穷人欣喜若狂，拿起身边的钱袋子开始取金币，不断地往外拿金币。一直拿了一个晚上。于是他想：这些钱已经够我用一辈子了，先睡一觉，完了美美地吃上一顿。醒来后，他果然很饿，正准备出门吃饭的时候忽然想起，只有把袋子扔了那些金币才能花，心想我还是再拿一些出来吧。于是又取了好多金币出来。最后实在是很饿才决定出去吃饭，当他走到一条河边准备把袋子扔了的时候，又开始犹豫，决定再取一些金币，再扔；周而复始。他最终还是没有把钱袋子扔出去，却活活饿死在一大堆金币前。

有些人总是不能满足。不单指金钱，还指名誉、各种物质利益，等等。在没有得到的时候想得到，得到了以后还想要更多。为这些东西，他们不惜抛弃尊严、人性，最终还是什么也没有得到。只有像那个视黄金为毒物的小和尚那样，保持一颗平常心，保持一个清醒的头脑，我们才会有真正的幸福生活，才不被欲望所吞噬。

不因名利
迷失了人生的方向

为大众事业、为民族和国家利益、为家庭幸福、为人格完善等付出，无疑是值得的，付出越多，获得便越多。临济禅师所谓的无所求，便是从此意义上提出的人生理论。在功名利禄的行途中，少一点儿贪欲，多一些节制，真正的幸福才会降临。

长住山西临济院的临济禅师开创了"临济宗"，在中唐之后，此宗派很是兴盛，该派最大的特点就是"机锋峻烈"，敢于"呵佛骂祖"，反对权威。

临济路过达摩塔。

塔主问他："你是先拜释迦牟尼呢，还是先拜达摩？"

临济不屑地说："佛和祖两个都不拜。"

塔主很是不解。

临济也不予理会，扬长而去。

还有一次，临济上堂讲法时忽然说："佛教的十二部经典，是擦屁股的旧纸；佛是虚幻之身；祖师达摩只是一个老和尚。"下面的和尚听闻大惊失色，他却不慌不忙地解释道："佛祖跟我们都是一样的，有生有死。你想成佛，会被佛魔抓住，你想求祖，也会被祖魔抓住。苦事都来源于有所求，与其这样，还不如无所求。想得到佛法，就不要受人拘禁和迷惑。向里向外，应该逢着便'杀'，逢佛'杀'佛，逢祖'杀'祖，遇到罗汉就'杀'罗汉，遇到父母就'杀'父母，这样才能不拘泥于物相，真正解脱。"

这里的"杀"，不是教人杀人犯罪，而是从心里面祛除、无视之解。即：无所求。芸芸众生，并非每个人都能做到如临济禅师那样，"逢佛'杀'佛，逢祖'杀'祖"，我们能做到"不以物喜，不以己悲"就已经很不容易了。而现实生活中大部分的人还是受害于自己的心魔，为达目的、追逐名利而不择手段，到头来竹篮打水一场空。

刘希夷是唐朝诗人宋之问的外甥，非常有才华，可谓年轻有为。有一天，刘希夷写了一首叫《代悲白头翁》的诗准备去舅舅家请其指点。"古人无复洛阳东，今人还对落花风。年年岁岁花相似，岁岁年年人不同"当刘希夷念到此处时，宋之问不禁连连称好，忙问："此诗可没有给他人看过吧？"刘希夷摇摇头。宋之向开心地说道："'年年岁岁花相似，岁岁年年人不同'这两句，好生让人喜欢，如若他人还没有看过，不如让与我吧。"刘希夷表示抱歉地对舅舅说："此二句乃我诗中之眼，若去之，全诗无味，万万不可。"

当晚宋之问一点睡意都没有，辗转反侧在床上躺着，嘴里不停地来回念那句诗。心想，此诗一旦面世，千古绝唱，名扬天下无疑，一定要想个办法据为己有。于是一个邪恶的念头涌上他的心头。当夜命手下人将刘希夷活活害死了。

"法网恢恢，疏而不漏"后来，宋之问终究获罪，先被流放到钦州，后又被皇上勒令自杀，天下文人无不为此称快！刘禹锡都这样说道："宋之问该死，这是天之报应。"

俗话说"雁过留声，人过留名"，没有谁想默默无闻一辈子，自古胸怀大志者多把求名、求官、求利作为终生奋斗的目标。哪怕尽得其一，也已终生无憾，若都能如愿以偿，更是锦上添花。然而，世间万物，有舍才有得，得到一方必要为此付出一定的代价。关键在于，自己的付出是否值得，自己心里要权衡好中间这个称。

一个人追求功名不是坏事。当一个人能在追求的过程中获得名誉感就会有进取的动力，但是，凡事不易过，过分追求又不能一时获取，往往容易产生邪念，误入歧途。到最后偷鸡不成蚀把米，赔了夫人又折兵。

塔尔达利亚是中世纪意大利著名的数学家，在国内享有"不可战胜者"的盛誉，他经过苦心钻研，找到了三次方程式的新解法。此时，有个叫拉比丹诺的人声称自己有千万项发明，唯有三次方程式对他是不解之谜，为此而痛苦不堪，彻夜难眠。善良的塔尔达利亚很是同情他，于是把自己辛苦的新发现毫无保留地告诉了他。哪曾想，拉比丹诺将成果据为己有。几天后，却以自己的名义发表了关于三次方程式的新解法的一篇论文。在相当长的时间里欺骗了所有人，白的黑不了，黑的白不了，拉比丹诺的谎言还是被揭穿了，至今，拉比丹诺的名字在数学史上成了科学骗子的代名词。

名利之心人皆有之，这再正常不过，关键在于自控，不把名利看得过重，不为一时名利而舍弃一切。很好把握中间的分寸。宋之问、拉比丹诺等都是有才之人，都有所建树。单拿宋之问来说，自己已经名扬天下了，还是要夺取刘希夷之诗，最终弄得遗臭万年。人心不足，欲无止境！俗话讲，财迷心窍，殊不知"名"也能迷心窍。不管是哪个，一旦被迷，就会使原本功成名就的人臭名远扬。得不偿失啊！

苏东坡曾经讲："苟非吾之所有，虽一毫而莫取。"美名美则美矣！对于那些有正义感、有良知的人来讲，面对本不属于自己的美名，受之可以，坦然却未必办得到！得到的美名越多，对自己往后的压力就会越大，迟早会被压垮，压得喘不上气来。得失向来都是成正比的，学会权衡利弊得失，你的人生才会更辉煌。

　　临济禅师眼中，佛祖都是没有的，名利对他而言又是什么呢？这才是真正的无所求。然而，平凡的我们能有几个可以达到这种境界的呢？其实只要我们做一个积极的、真正的能够为他人、国家、民族利益着想，也就算是一个高尚的人了。切莫让名利熏了眼睛，迷失做人的大方向。

架子摆得越高，
受的尊重越少

做人要学会摆正自己的位置，学会放下架子，以一颗平常心来对待人生百态，这会造就一个健康、乐观的心态，而且还会在为人处世上助你一臂之力，使你的事业更加顺利，最终功成名就。

有位禅师叫志林，志林禅师开悟后，便回到原剃度师父的身边，准备随缘回报。

有一次师父要洗澡，志林便为其擦背填热水。擦背之际，志林忽然拍拍师父的后背说："好一座佛堂！可惜有佛不现。"

师父听了便回头看了一眼志林，志林赶忙又说："佛虽不现，但会放光呢！"

师父却冥然未悟。

一日，师父在窗下读经，一只苍蝇在窗户上乱撞似有不把窗户纸撞破誓不罢休的士气。志林禅师见状禅思触动，便作了一首诗——

空门不肯出，投窗也太痴。

千年钻故纸，何日出头时？

听到弟子言诗，觉得言语怪异，便问弟子是怎么了？志林禅师便将自己悟道的因缘详细地向师父一一道出。师父得知真相后很是感动，于是决定请弟子开示，终得开悟，取得圆满。

"弟子不必不如师，师不必贤于弟子，闻道有先后，术业有专攻"。人的一生本身就是一个不断学习的过程，身边的人都可以作为自己的老师，每个人总有一处值得我们学习的优点。

将自己本就不高贵的架子放下，要学会拿得起、放得下。比自己在某方面懂得多的人，都可以是我们的老师。唯有如此，才会有进步，获取完整的人生。

有一位信徒在客堂休息。就听到一位年轻的知客师对一位非常年老的禅师道："老师！有信徒来了，请上茶！"

没过几分钟，又听到那位年轻的知客师叫道："老师！佛桌上的香灰太多了，请把它擦拭干净！""拜台上的花盆，别忘了浇水呀！""中午别忘了留信徒用饭。"

信徒在短短一段时间里，一直都是听见年轻的知客师在那吆三喝四，而年老的禅师在忙忙碌碌跑来跑去。信徒实在是看不下去了，便问老禅师："老禅师啊！那位小师父和您是什么关系啊？怎么一会儿让您做这，一会儿做那的？您还乐此不疲，很开心的样子。"

老禅师非常得意地答道："他是我的徒弟呀！有这样能干的徒弟，是我前世修来的福气。有信徒探访时，我只要倒茶就可以，又不要我讲话；佛前上香换水都是由他来负责，我只是擦一擦灰尘就可以；他让我留信徒吃饭，又并不让我去做饭，寺内接人待客大小事务一切都是他在计划、安排。这让我很欣慰，更省心，我有什么不乐意的呢？"

信徒听后，继续问道："不知你们是老的大？还是小的大？"

老禅师回答道："当然是老的大，但是小的有用呀！"

有句俗谚说："和尚要能老，老了就是宝！"在现代社会中，多半情况是信徒供养僧众，多半是供老不供小，护持僧众也是护老不护小。这并不奇怪。但很多人仗着自己年老，倚老卖老，他不一定有什么本事，只是资历老，大家对其是一种尊重罢了，但那些倚老卖老的人。常常是对比自己年轻的领导颐指气使。甚至这种摆谱的人，经常端着架子过活同时也影响了一大批年轻人。觉得自己文凭高、本事大，往往对才能不及自己的领导横挑竖挑，这也不干，那也不摸。其实到最后吃亏的还是他自己。相反，放下架子的人往往会收获很多。现在不是经常显示自己才华的时候，要学会低调行事。

有一个刚毕业的大学生，毕业后就进入版社做编辑。他的文笔不错，在编辑部也算是首屈一指，更可贵的是他的工作态度。

那时出版社接到一个新项目，要出一套丛书，时间紧，任务重，每个人都忙得不可开交，但老板一点增加人员的意思都没有，于是编辑部的人经常是被派到打印部、业务部帮忙，忙得热火朝天的。但整个编辑部只有刚毕业的年轻人接受老板的指派，每天忙得四脚朝天。可其他的老员工往往是出去一两次就抗议了，经常说："我是编辑，又不是打杂的！怎么什么乱七八糟的活都让我们干。"

唯有这位刚毕业的年轻人总是说："吃亏也是占便宜嘛！再说我年轻多干点活也是正常的。"每次都乐呵呵地去帮忙。

其实事实上谁都知道他并没有占什么便宜，因为他要帮忙包书、送书，像个苦力一样！就像一个可随意指挥的员工，有时还会被调到业务部，参与直销的工作。此外，连取稿、跑印刷厂、邮寄……只要其他人开口要求，他都乐意帮忙。从来都没有一句怨言。总是笑呵呵地说："反正吃亏就是占便宜嘛！"

两年过后，他自己成立了一家出版公司，做得还不错。

其实他在给各个部帮忙的时候，已经把整个出版社的所有流程都摸得透透的，这么看来他真是占了个大便宜！但这个便宜是人家自己辛辛苦苦、实实在在干出来的。

　　要想继续获得发展，再续辉煌，聪明的你永远不要忘记曾经给予你支持和帮助的人，没必要担心自己这样做是降低自己的身份，其实这样更能赢得他人的尊重。一个真正成功的人都是以通过自己的实力建立起来的威信，他能关注并理解到别人内心的情感和思想，能真诚地面对他人，做最真实的自己。

　　在一个女人眼里，每月上交工资的丈夫远比尔·盖茨要好得多。每个人关注和重视的角度不同，生活便不同。你的成功也许在别人眼里就不算什么。普通人有普通人的快乐和成就。因此，你的颐指气使只会招来别人的鄙视，自己应得的尊重也会慢慢随风刮去。架子摆得越高，别人就会对你越反感，反而更加显现你的没素质、没修养。因为摆架子是底气不足、不知天高地厚浅薄之人的证明。

做人做事，不宜操之过急

不管是生活还是做事，凡事都不宜操之过急，俗话讲："心急吃不了热豆腐"，时刻保持一颗平静的心，一个张弛有度的状态，是面对困难最好的、最正确的做法。"欲速则不达"的道理便是如此，放松心情，你会活得很快乐。

有一日，一位禅师看到一位年轻人在弹琴，琴声很是悦耳。

禅师也是懂琴之人，心想能弹出这样旋律的年轻人应该也是可顿悟之人，于是上前问道："你的弦拉满了吗？"

年轻人回答："没有呀。"

禅师又问："那你是放松？"

年轻人回答："也没有。"

禅师故作不解地又问道："那你是如何调它的呢？"

年轻人答道："松紧有持，才能奏出美妙的音乐。"

禅师一听果然是可顿悟之人，于是点化道："生命犹如弹琴，本是一场游戏。如果众生能像弹琴一般凡事轻松而不轻浮地对待，事情就会变得事半功倍。只有像这弹琴之规律般权衡，生命会变得灿烂多彩。"

年轻人经过禅师的点化，瞬间顿悟，后来总能感到生活的美好，快乐地生活了一辈子。

日本有两位一流的剑客，一位叫宫本，另一位叫柳生，宫本是师父。柳生是徒弟，两位为如何成为一流剑客，有过这样的对话。

柳生问师父："像我这样努力学习的话大概要多久才能成为真正的一流剑师？"

宫本答曰："需要用你的一生。"

柳生说："我怕我等不了那么久。不过只要您肯收我，我还是愿意刻苦去练，哪怕我给您当下人。这样学习的话需要多久呢？"

宫本说："那样也许要10年的样子。"

"可是家父年事已高，我要学那么久，如何来侍奉他老人家呢？"顿了顿，柳生继续说道："不过我还是决心学习，您看需要多久？"

宫本答："大概30年吧！"

柳生一听急了，说道："这怎么回事啊？刚不是说10年吗？怎么又变成30年了呢？您是不是怀疑我的诚心呢？这样和您说吧，我是非学不可，不惜吃任何苦，您看要多久？"

宫本听后说："如果是这样，那你得跟我70年才好，凡事不宜操之过急，欲速则不达呀！"柳生最终明白了宫本的意思，于是留下来跟宫本学剑。

柳生留下来后宫本并没有直接教他什么，甚至剑术经都不曾说起，更不用说摸剑了。每天他就吃饭、睡觉、打扫屋子，整个儿一杂工。这样一晃三年过去了，柳生依旧还是做这些，每每想起自己的意图都内心空荡荡的。

一天，宫本悄悄从柳生背后用木剑重重给了他一击。第二天，柳生忙着做饭的时候，宫本再次袭击他。

自此，柳生就天天预防宫本的袭击，他也搞不清楚什么时候宫本会出现。整天被宫本偷偷袭击着。处处提防。但有一日，柳生忽然悟出了宫本的意图。再后来，此二人成了日本最精湛的剑手。

每一个成功的人都能保持一个从容的心态。他们每当遇到困难失落时，总能沉着冷静地去思考问题，想办法解决问题，抓问题的关键。

精明的商人在遇到棘手的问题的时候也是如此，就像打球的人，本队员在传球的时候担心球落对方手里，而情形又不是很好的时候，他们也不会心慌失措，只是来回晃动，给对方以欲传球的假象，他们有灵活的头脑，懂得见机行事，应付各种突如其来的情况，最终达到自己成功传球的目的。直到最后进球。

这种内在的放松是靠自身的领悟能力，有的人刚开始经商就应用得很好。但有的人天生愚钝，经历多次失败教训才勉强能领悟其中的道理。养成遇事不慌，胸有成竹的本领。

每一个创业起步的人由于经验的缺乏，都常常会有无主心的时候，像沉溺在河中央的人。一紧张会没有了办法，所以这就需要磨炼自己，随时都要保持冷静，能够随机应变，这样当危难来临之际可以作出正确的抉择，以便顺利渡过难关。这样一次一次磨炼自己遇事不慌，就会形成习惯。将来面对任何困难都会想出办法，解决问题。

我们现在认知的伟大人物，他们都有一个共性就是"镇静"，面对突如其来的变故，仍就能够镇定自若。他们懂得镇定才能威胁到敌人，给自己鼓气，从而想出应对困难的好方法。作为首领、领导，遇事慌慌张张，必然不是合适的做法。其实他们的镇定自若一来是让手下的人更有信息，二来也是一种自我暗示，自我鼓劲。

你有没有发现，当你慌张的时候，你的大脑常常会处于一种空白状态，失去思考能力，而且还会语无伦次。这时常常是一个人最薄弱的时候，要是这时办事，你就往往会说错话、办错事。那么收起自己的慌张，轻轻暗示自己不要慌张，语气、语速尽量放慢，做事的动作也要放慢，这样你会缓缓进入一种相对平静的状态，慢慢思维也就趋于正常，这时你再去处理面前所发生的事情就会从容自如。从这个角度讲，不管是领导还是普通人，平静是处理问题时最好的自我状态。

[世上有很多比财富
更重要的东西]

有一天，佛陀拿了一颗什色摩尼珠，问四大天王："你们说这颗摩尼珠是什么颜色呢？"

四大天王分别看了看各自回答说："青、黄、赤、白。"佛陀听后将摩尼珠收回，舒展开手又问："那我手里现在这颗摩尼珠又是什么颜色呢？"

四大天王不明白佛陀是什么意思，不约而同地问道："您手里什么都没有，哪还有什么颜色不颜色的呢？"

佛陀笑笑说："我拿出一般世俗的珠子让你们分辨颜色，你们都能指出它的颜色，怎么真正的宝珠放在你们面前，你们却说是什么也没有呢？"

四大天王听后顿时都有所感悟。

摩尼宝珠，一般用来比喻我们的真心佛性。凡世间大多数的人，天天忙于生计，为荣华富贵、稀世珍宝等等身外之物而奋斗、而争夺，往往会对最珍贵的东西视而不见。例如亲情、友情、爱情。这些有时在金钱面前显得很薄弱。下面讲一个小故事。

有一天，邮局来了一位寄东西的先生，先生问工作人员有没有盒子，工作人员回答："当然有。"于是就拿出一个箱子给他看看大小。先生接过箱子说："这个太软了，有没有结实点的，比如木盒子一类的？"工作人员即刻明白这应该是寄贵重物品，于是就给先生找了一个很精致的木盒子，问道："先生这个盒子可以吗？"先生显示出满意的笑容。

紧接着，先生拿出一个被压得扁扁的塑料红心，只见他拔下塞子，挤净里面的空气，憋足了气，一下子将那颗心吹得鼓鼓的。然后很小心翼翼地将这颗心放进了盒子了，大小正合适，先生很开心。

工作人员看到最后，这才明白，这位先生闹了半天就为了寄这么一颗简单的塑料心，还要个木盒子，真是好笑。于是奉劝先生，说道："先生这么轻的东西没必要用木盒子的，这样有些浪费钱哦。您直接用一个牛皮纸袋把这颗塑料心放进去，寄个最便宜的挂号信就可以了啊！"

先生看着工作人员很认真地说："同志这个你是不懂的，远在他方的她需要我的气息，我寄出的不单单是一颗塑料心，至于你说的盒子嘛，贵就贵一些了，只要它能很好地保护我的心就可以了。对我来讲，箱子的贵贱，并不在于钱的多少，而若能保护好心才是它的最大价值。"

听完先生的一番话，工作人员很是感动，对远方那位收到这颗心的女士好生羡慕。

世间真正最宝贵的东西是什么呢？恐怕是不同的人有不同的看法。世俗的人，荣华富贵是他们的生命；佛陀将真心佛性视为他们最在乎的；而对于那些留守真爱、向往真爱的人来说，一缕呼吸才是他们最宝贵的东西。

贪念太重
容易一无所有

曾经有两位禅师，一位叫游四禅师，另一位叫慧山禅师。一日二人就什么是人世间最珍贵的东西。展开了以下对话。

只见慧山禅师抬头远望，指着不远处树枝上悬挂着的一团黑色物体说："死猫的脑袋最珍贵！"

游四禅师不惑地问："为什么这么说呢？这个怎么会是人世间最珍贵的呢？"

慧山禅师便回答道："有的树根大枝弯，人们见它无用，它便可以很好地生存；有的树枝繁叶茂，但做船、做器皿、盖房子都不合适，唯一就是可用来乘凉。但往往就是它们的没有用换来了生存，换来了无争，所以才珍贵。猫头的道理亦如此。"

我们可以看出，在慧山禅师眼里，生命最可贵之处在于无争、无价。钱财名利都是身外之物，相互争夺没有什么大意思。但人世间，往往因为这些事搞得鸡飞狗跳，无法平静生活。到最后还是一场空。

有位沿街乞讨的乞丐，一日在自己的破屋中想着"要是哪天我有两万块钱，那该多好呀！正巧这时不知哪来的小狗在他的破屋外面。他看着可爱就抱到了自己的破屋里。当天去街上乞讨的时候听见周围的人都在议论一只小狗。后来才知，原来那只小狗非常值钱，是一只进口的名犬，狗主人特别疼爱，为了能找到小狗到处打听，甚至到电视台发了寻狗启事。付酬谢金两万块钱。他得到这个消息，并确认自己抱回破屋里的那只可爱的小狗就是大家议论的那只，于是他匆匆回到屋里准备把小狗抱到电视台去。

当他快到屋里时路过一个小卖店，电视里正在播小狗主人寻狗的事，而且酬金已经上涨到了3万块钱。于是乞丐想，看来这只小狗不能这么快就给送回去，一时找不到，它的身价还得往上涨，最后他决定继续等。三天过去了，小狗的身价果然翻番。已经涨到10万块钱。他美滋滋地等着小狗身价再往上涨。等到第四天的时候，他出去乞讨顺便看看小狗的身价有没有再涨，果然不出他的意料，狗主人又涨了价。他是更加高兴，当他回到破屋的时候发现小狗不见了。顿时傻眼了。原来在他出去乞讨的时候，有几个小孩玩耍，正好到了乞丐的破屋中并发现了小狗。于是几个孩子将小狗送到了狗主人家……

乞丐到最后还是身无分文，后悔莫及，无奈继续当他的穷乞丐。

人们总是忙忙碌碌，整天削尖了脑袋往钱财、名利里面钻。往往因得不到而整天愁眉苦脸，要不就是费尽心机去算计别人，到最后还是落得一场空。就是因为对钱财、名利的欲望无底线，所以才永远得不到满足。追求钱财、名利并没有错，但凡事适可而止才能获得真正的幸福，否则即使得到了财富、名利也未必能感到真正的幸福。

不做自以为是之人

有一位法号叫作"慧能"的禅师，近日深感自己即将离开人世。消息很快就传了开来，敬仰禅师大名的人们都来了。不管是为官的还是平民百姓，乌泱泱站满了整座寺院。于是禅师从屋里走了出来满脸微笑地跟满院的僧众说："我在世间已停留日久，现如今躯壳和灵魂即将分离，唯有名号还留于此，要离就离得干干净净吧，你们谁有办法能做到这件事呢？"

寺院里霎那间变得一片寂静，没有谁能想出办法，到底该怎么办？

就在这时有位小和尚出现在禅师面前，恭敬地行过礼之后，大声地问道："请问这位和尚你的法号是什么，徒弟刚来还未知？"

话音刚落就听见后面的人议论纷纷，有的说小和尚不懂事，有的说小和尚目无尊长，寺院一下子热闹了起来。

慧能禅师听了小和尚的话后高兴地说："我现在是没有法号的和尚，小师父很有慧根呀！"说着慧能禅师双手合十，闭目离去。

小和尚的泪水霎那间流了出来，但心里还是很安慰，师父在圆寂前了了自己的心愿。

就在这会儿，周围几个人围过来责骂小和尚不懂事，慧能禅师这么有名气，你作为僧人，怎么连师父的法号都不知道，你还在这里当僧人，真是给僧人脸上抹黑。

小和尚见状，低头说："慧能禅师是我的师父我怎能不知呢？要不这样，师父的心愿如何了得？我不能让师父带着遗憾而去呀！"众人顿时鸦雀无声！

法号如同人的名字，都是一个代号，它生不带来，死不带走，加之与人心却是一种沉重，得不到自由。有太多的人为了流传千古，并不懂得名号的真实意义，反而一味地追求，到最后弄巧成拙反得一生骂名。

有一个叫拉比的人，有着神圣的工作，人们对他也是十分敬仰。有一天他正在睡觉，忽然有几个信徒在他身边悄悄议论他。他想听听他在人们心目中的形象就假装一直闭着眼睛。

这时他听见一个信徒说："在波兰没有第二个人像他那么虔诚。"

另一个信徒说："他是那么的无私，有谁会比他还仁慈？"

又一个信徒说："我向来没有见他发过脾气，他的脾气是那么的温和。"

又一个信徒说："他就是那第二个拉什，他是那么的博学。"

下面一个又一个的信徒你一句我一句地说着，拉比睁开眼睛说："你们说了这么多，为何没有一个人说我是一个很谦虚的人呢？"

这个小故事的名字叫《谦虚的拉比》，它嘲讽了一个不谦虚的、愚蠢的叫拉比的人。

有好多人很自以为是，总觉得自己就是中心，所有的人都应该仰慕他，他是完美的，没有一点瑕疵，更容不得别人说他一点不好。总是要求别人仰视自己。殊不知，像他这样的人，即使他再有本领也会被人看不起。唯有那些看破名利，不求回报真心为人们服务、谦虚做人的人才能真正被人民所爱戴、所尊敬。

为人处事顺其自然，切莫走极端

有一位新学僧，每日早睡早起，用心打坐，从不起杂念，可以说其他的僧人没有一个比他更用功的了。但他就是一直无法开悟，于是决定去找禅师询问。

禅师听明来意后，给他一个葫芦和一把食盐，告诉他："你拿着这个葫芦先装满水，然后将食盐溶化进去，你就可以开悟了！"

新学僧根据禅师的说法一一去做，不到一会儿就跑回来找禅师了。说："师父呀，您给我的这个葫芦太小，食盐又那么多，我装满了水盐都溢出来了，怎么溶化得了呢？更不用说我开悟了。"

禅师见状摇摇头，拿起葫芦倒了一部分水，又拿起食盐往里放，边摇边加水，没多一会儿，水满了，食盐也都溶化在葫芦里了。然后慈祥地对新学僧说："一天到晚用功打坐、念经没有错，但身边平常的事也是要留心的，就像这装满水的葫芦，你若不摇，也不搅，不仅水溢了，盐也洒了，怎能溶化在葫芦里，你又怎能顿悟？"

新学僧又问道："那不用功开得了悟吗？"

禅师说："悟道就像弹琴，弦太紧弦就断了，太松又弹不出声音来，只有适中才能弹出美妙的声音。"

新学僧终于大悟："顿悟要以平和之心才可，时时想着顿悟，是永远都无法开悟的。"

禅师听后笑笑，继续闭目打坐。

当一个人要是过分追求某一件事的时候，往往思维会变得禁锢、呆板，导致最终的目标越来越难以实现。这就是所谓的过犹不及。

有个人路过一个集市时看到一个很奇怪的交易，"卖鬼"。他很好奇地走过去，问那个卖鬼的人："你这鬼，卖多少钱？"

卖鬼的人说："一只要200两黄金！"

那人很诧异地问："怎么那么贵？"

卖鬼人说："我这只鬼是很能干的鬼，任何事情只要主人吩咐他就会去做，不管多难的事都可以解决，它一个人一天的工作效率可以抵上100个人一天的工作效率。你若要买了，用不了多久就会挣出我现在要的价。"

这人也不傻，就问："既然这么好，你为什么不用，还把它卖了。"

卖鬼的人说："这鬼是好，但有个缺点就是，只要一开始工作，就永远不会停止。因为它不像人，要吃饭休息，它是可以一直不知疲惫地工作的。一定要从早到晚把要做的事全部吩咐好，不能让它有空闲，有空闲了，它就会按照自己的意愿去工作。我家事有限，不敢用啊！所以才把它卖给需要的人！"

这人心想自己家的田地那么广，家里还有那么多做不完的事，于是就和卖鬼的人说："我有太多的事要做了，卖给我吧！"

于是他把鬼买回了家，成了鬼的主人。

他开始叫鬼种田，没料到那么多的地，几天就种完了。

他叫鬼盖房子，没几天也就竣工了。

他叫鬼做木工装潢，半天时间房子就装潢好了。

整地、搬运、挑担、磨面、炊煮、纺织。无论做什么，鬼都做得又好又快。

短短一年时间，他就成了当地的大富翁。

但是他也变得像鬼一样忙碌，鬼要做个不停，他就得想个不停。他劳心费神地想着下一件事情，甚至他都想到很难很费工夫的工作，比如用桃核刻小舟；用大米刻字，要一粒大米刻上千个字，等等。这些他认为会让鬼消磨很多时间，为此他高兴许久。

没想到，不论多么困难的事，鬼总是很快就做好了。

一日，主人实在是撑不住了，累倒了，就没有给鬼吩咐做事。

于是，鬼开始按照自己的意愿做起事来，先把他的房子拆了，将地整平了，把牲畜都杀了，将财宝啥的都磨成粉末……

正当鬼忙得不亦乐乎的时候，他从睡梦中醒来，发现一切都没有了。原来，事情永远都有做完的时候，永远不止地工作，是个很大的弊端！

做人、做事都不要走极端，做得不够那是需要努力，不应该半途而废，相反什么都追求极致，恐怕到最后也不是什么好事。所以凡事都要保持一颗中和平静的心，顺其自然自己尽力才是最好的。

02

放下邪念，
宅心仁厚

佛家讲："一寸道九寸魔。"这里隐含意表明："修炼一个高尚的品格是一件极其不简单的事。不仅意志要坚韧，而且欲望的自我控制也很强，只有这样才能相对顺利地达到预期的目标。"荀子曰："人之初，性本恶。"可能有些偏颇，但是也能说明，在一个人的内心最底层，有着邪恶的欲望，要想自己变成一个受人尊敬的人必须抑制那些坏的欲望。修身养性，学会自我修养。心中正义多了，邪恶就会少了，就像生活中，快乐多了，不快乐就会少了，是一样的道理。

不对他人心怀歧视

妙达禅师曾经是云水僧，在一个地方休息的时候遇到一位身患重病的僧人，路过的人都不予理睬，于是他细心照料直至其痊愈。病僧感激地对妙达禅师说："感谢你这么多天照料我，日后师父要是有什么难事，可以去九陇山间两棵松树下找我。"

妙达禅师因为多年做善事，法缘日渐繁盛，就连唐懿宗都非常景仰其德风，还特意封妙达禅师为国师。慢慢地，时间长了，妙达禅师开始傲慢起来，总觉得高人一等。有日，妙达禅师膝上长了一个人面疮，而且这个疮长得特别的诡异，任凭什么办法都无法根治。忽然有一天妙达禅师想起了那位病僧，于是他决定去找那位病僧，经过几番周折终于在当年说的地方找到了那位曾经的病僧。该僧得知他的来意后告诉他："这个很简单，用我旁边的这个清泉水反复洗就可以根治。"

妙达禅师正要用清泉水洗疮口的时候，人面疮忽然开口说："你还记得西汉袁盎杀晁错的事吗？你就是那袁盎转世，我就是当年被你屈斩的晁错。十世轮回流转，我都在找机会报复你，可是你却每世为僧，轮回十世，清净度日，我根本一点机会都没有。直到今日你心怀恶意，结党营私，损坏道行，我才得以机会报复你，一直长在你身上折磨你。今日以佛家慈悲，以三咏法水洗我数十世累加的罪孽，结束与你的冤冤相报。"

妙达禅师听后，甚感心虚，急忙用清泉水洗膝，忽然间膝盖疼痛不已，直至晕厥，当他醒来之际，膝上人面疮已经痊愈，曾经的病僧也消失得无影无踪。

十世轮回，妙达禅师十世为僧，心静如水，人面疮就一直没有机会下手。然而心生傲慢之际，有违道行之时，病苦便接踵而至。故事告诉我们，众生间是平等无高低贵贱之分的，无论你贫穷还是富有，外貌美与丑，取得多么傲人的成绩，都不应该看不起他人，傲视他人，甚至伤害他人。

我们来看看下面一个故事。

有一只美丽的小鸡住在丛林中，它总是认为自己是这个世界上最美丽、最聪明的甚至是什么都会的可爱的小鸡。

一日，温暖的阳光照耀整个丛林，清风徐徐，抚摸万物。这只骄傲的小鸡来到河边觅食，刚刚来到河边就听见好几只小鸭子在嘎嘎嘎地乱叫。走近一看，原来是鸭妈妈在教小鸭子们练习游泳呢！小鸭子们虽说动作迟钝，但是它们都在很认真地学习。看着小鸭子们的姿势，骄傲的小鸡便讥笑它们太笨了。于是说："你们怎么那么笨啊？不说鸭子的孩子天生都会游泳的吗？你们一个个怎么看上去一点都不会游呢？"

小鸭子们认真地对小鸡说："小鸡妹妹，你不要笑我们，我们会游泳的，只是为了长大后的游泳比赛，在不断地练习罢了，不像你这只骄傲的小鸡，自己不会游泳还嘲笑别人游得不好。"

骄傲的小鸡一听小鸭子这么说自己，就很气愤地说："谁说我不会？今天就让你们看看什么是真正的游泳高手。"说着就扑通一下跳到了河里，当它真正跳到河里的时候才发现水是如此之深，自己是这么不擅长游泳，也是如此的笨拙。还没扑腾两下，整个身子就开始往下沉，于是疾呼"救命"。

小鸭子们知道小鸡不会游泳，于是一只只协力，一起将小鸡救上岸。

小鸡安全后，小鸭子拍拍小鸡的头说："小鸡呀，游泳不是你的强项，是要有先天条件才可以学游泳的，以后千万不要再逞强，不然吃亏的最终还是你自己！"

骄傲的小鸡惭愧地低下了高傲的头，从此谦虚做事，再也不会看不起别人，高看自己了。

这虽然只是讲给小孩子听的童话，教育小孩子凡事都不要骄傲自满，要谦虚，要学会尊重他人。让孩子们明白"虚心使人进步，骄傲使人落后"这一千古不变的真理。

小孩子的心灵是单纯的，教他们什么，他们就会什么，所以用童话来引导、教育他们会起到很好的指导作用。然而成年人的心往往很复杂，不是一个童话故事就可以被说服的，往往是吃了大亏后才追悔莫及。

宋代大学士苏东坡的才学名扬天下，自古文人恃才傲物，才学卓绝的大学士苏东坡在平日的生活里因为自满也吃了不少的亏。

苏东坡是个信佛之人，常常会有些禅思，对佛理禅学总有些低看。有一天，苏东坡听一位朋友说有位南法禅师禅风犀利高锐，机锋深妙难触，顿时他心中极为不服，他觉得自己走遍天下又与许多高僧切磋探讨过，自己也不是没有才能，于是他决定与南法禅师比个高低。

侍者见来者不善之嫌又不屑一顾的样子，便没通知禅师，苏东坡见半天没人理会他，他就开始在寺院外大声嚷嚷。寺院是何等的安静，他这么一吵吵就把南法禅师给惊动了。禅师走出房门，问明来意，然后很客气地将苏东坡请到会客堂。

刚坐下来，苏东坡就开始发难南法禅师："听说禅师功力颇高，那您倒是说说这'静品禅心'到底是什么？"

南法禅师没有直接回答便问苏东坡："请问施主贵姓？"

苏东坡起起身，理了理衣服，心想这和尚眼力还不错，慢条斯理地喝了一口茶，然后说："姓秤！能秤得天下禅师们实际功量的秤！"说完苏东坡以为自己说得很高明，一定能给南法禅师一个下马威。得意洋洋地看着禅师。

只见禅师端起茶杯大口喝了一口，然后说道："施主既然这么有眼力，那请问我这口喝了多重的水多重的茶呢？"

苏东坡无言以对，面红耳赤，退败禅师，离会客堂而去。

人有自信是一种好的状态，但不能盲目自信，更不能过分自信，一旦过分就会形成自满、自傲。一旦这样往往就会自以为高人一等，看不起别人，到最后吃亏的还是自己。做人应该谦虚谨慎，不卑不亢，容得他人的意见，听得了他人的批评，唯有这样不断地更正自己的错误，才能使自己不断地进步。超越自己，成为真正有智慧的人。

自省更有助于
自我超越

据史书记载，早在春秋战国时期，我国就有自我批评的事例存在。孔子就曾说："君子不忧不惧。"然后还解释说："内省不疚，夫何忧何惧！"（《史记·仲尼弟子列传》）曾子也有言："吾日三省吾身，为人谋而不忠乎？与朋友交而不信乎？传不习乎？"（《论语》）"三省吾身"、"内省"以上描述其实就是一种自我批评的形式。

在唐朝时期，自我检讨的形式有了更进一步地发展。虚心纳谏，聆听忠告，乐于规劝，这些皆是"贞观之治"时在政治上很明显的一个特征。有一日，唐太宗问魏征："何谓明君、暗君？"魏征说："君之所以明者，兼听也；君之所以暗者，偏信也。以前秦二世居住深宫，不见大臣，只是偏信宦官赵高，直到天下大乱以后，自己还被蒙在鼓里；隋炀帝偏信虞世基，天下郡县多已失守，自己也不得而知。"贞观十六年（643）魏征故亡后，唐太宗亲临吊唁："夫以铜为镜，可以正衣冠；以古为镜，可以知兴替；以人为镜，可以知得失。我常保此三镜，以防己过。今魏征殂逝，遂亡一镜矣。"由此我们可以见得魏征的犯颜直谏和唐太宗的克己纳谏、虚心接受批评。

在佛法中，自我检讨具有更加深邃的道意。

有一日傍晚，尚德禅师在庭院里散步，一阵狂风把树上的叶子吹落了一地。尚德禅师望着树上的叶子，一直到风停，才开始弯腰捡地上的落叶。正巧几个小和尚路过庭院，看见师父在捡树叶，就跑过来和师父说："师父，您不要再捡了，这晚上还会有风，等明日早晨我们会把院子里的落叶扫得干干净净。"

尚德禅师说："明日打扫院子，是会使地上变得干干净净，但现在我在这里每捡一片落叶，这里现在就可以增加一分干净。"

其中一个小和尚说："可是师父您这样捡，这得捡到什么时候啊？这样也太慢了，您看看您身后落叶，您捡前面，后面就又落下来了，这样不是还依旧不干净嘛！"

尚德禅师笑笑又开始继续捡落叶，并对小和尚们说："你们觉得这地上就只有落叶吗？其实呀，在人们的心中落叶有很多呢！我在这里不停地捡，起码我心里的落叶就会少起来嘛！捡得时间长了，终有捡完的时候。"小和尚们听了，都点点头有所悟。

落在地上的叶子是何其的多？哪是一时可以捡得完的，更何况是心灵深处存在的落叶呢？因此，有了落叶要及时捡，心里有了尘埃就要及时清理。

这里所谓清理心里的尘埃，就是要时刻反省自己，要自我检讨，自我纠正过错。在我们日常生活中，不管工作还是处世，都需要及时进行有效的心理调整。这在自己生活的地方适应环境，增强生存能力是很重要的一个环节。如果没有这种自我调整的心理素质，就会在遇到困难时，陷入世事的旋涡中难以自拔。影响自己以后的发展。

姗姗是一个文弱纤瘦、相貌平平的小女孩，不仅做事执着，而且待人很是真诚。不到一年的时间，就通过自己的努力从一个普通的销售员做到了区域经理。

然而，当她坐上管理者的位置后，面对复杂的人际关系，她常常感到力不从心。尤其面对应变能力极强的商务场合时，她的性格和做事风格往往会禁锢她的发展，尤其是在协调各级销售代表之间的利益冲突等问题的时候，是她最头疼的时候。一方面介于工作经验的问题；另一方面有些事情由于处理得不当，得罪了不少人，有的是自己的部下，有的是自己的上司。长此以往，这让她负责的区域业绩不断下滑，公司上上下下对姗姗的能力和为人开始议论纷纷。

有的说她能这么快晋升是因为有某上层领导的暗中帮助和扶持，有的说她与某领导有暧昧关系，甚至有的说她是某个大区经理的小情人。上司也由于姗姗经常的固执己见而表示不满，她在公司的人缘、名声更加让上层领导表示不悦。不久姗姗就被降职，后来加上同事们的议论。她最终选择离开了那家公司。

姗姗的事例告诫我们两个道理，一是自己遇到境遇困境时，一定要及时调整自己，完成必要的角色换位。另一个是，当自己遇到困境时，在调整自己心态的同时还要学会及时检讨自己的行为。因此，当我们失意时，不妨先学着把自己心里的落叶捡起来，哪怕慢一些。同时要学会自我检讨，在检讨中洗涤自己的心灵、分析自己失败的原因，以便及时调整自己，随时为下一个困难做准备。

在我们日常生活中，不管生活还是工作，一定要学会以积极的心态自我检讨，及时捡起自己内心的落叶，就能及时发现自己的不足，从而及时对自己的内心进行调整。别人快乐，自己也会很快乐。

[你以什么心态面对生活，
看到的生活就是什么样子]

禅师见一个弟子终日在打坐后什么也不干，有一次在院子里碰上这个弟子就把他叫进屋里，问道："你为什么终日打坐呢？我见你的时候你总是在打坐。"

弟子理直气壮地回答："我参禅啊！"

禅师说："参禅与打坐并不是一回事，你怎么会这么认为呢？"

弟子回答："是您说的啊，您经常教导我们要把控好自己容易迷失的心，清净地观察周围身边的一切事物，终日坐禅不可躺卧的吗！"

禅师说："终日打坐，这不是禅，反而是在折磨自己的身体。禅定，不是说让一个人像木头一样死板地坐着，而是要让人达到一种身心极度清净的状态。远离外界的一切杂物，这才是禅；内心的安宁不散乱，才是定。如果一个人执着于世间的杂物，内心就会散乱，不得宁静；如果能把控好自己内心对外界杂物的诱惑及困扰，心便会清净很多。其实我们的内心一开始是清净无杂念的，由于外界的杂物诱惑，内心才会慢慢受到影响，犹如心蒙尘灰，往往会变得迷茫不知所措。"

弟子谦虚地问道："那一个人又如何才能祛除了内心的妄想呢？"

禅师说："多想想世间的善事，内心就会充满美好；总是想一些世间的恶事，内心就会变得阴暗。心里总是想着一些邪恶的事，人就和牲畜没什么两样；心里总是想着美好的事，到处都是春光灿烂；心中充满智慧，在哪都是乐土；心中总是愚痴无知，在哪都是苦海。参禅如此，人生亦如此。"

弟子恍惚顿悟。

有个叫艳艳的女孩，婚后跟公公婆婆住在一起，由于两家的生活背景差异较大，艳艳总是被婆婆指责，说她不会过日子，浪费，等等。而艳艳有年轻人的想法，总觉得婆婆干涉她太多。日子久了，这婆媳的关系就越来越恶化，甚至心里极度不平衡的艳艳在老公那也得不到太多的安慰，介于传统观念，最后妥协的往往是艳艳。到最后两人闹得不可开交。艳艳的老公夹在中间也是有苦说不出。长期的压抑促使艳艳心里萌生了一些报复的念头。

艳艳通过朋友认识了一位老中医，她决定从老中医这儿买些毒药，彻底解决她眼中的这粒"沙子"。这位老中医听了她的话后，和她说："毒药我这倒是有，也可以给你，但我有个建议，希望你能按照我说的去做。"艳艳想都没想就答应了。老中医递给艳艳两包"药"，然后跟她说："你要用毒药药性慢的比较好，这样不容易引起他人的误会，你若一下子毒死你婆婆，别人肯定就会很快查到。我给你两包药，一包是给你婆婆的，你可以把毒药放在鸡汤一类的东西里，放少量的进去，为了让她不起疑心，你也要喝。"艳艳着急地说："那我不也中毒了嘛！"老中医不慌不忙地说："我不是给你两包嘛，一包是毒药，一包是解药，为了使你婆婆不起疑心，她喝的时候你也喝，而且要恭恭敬敬的，表现出一种诚心来。半小时后你再喝解药就可以了啊！"艳艳高兴得心花怒放。老中医不仅给自己毒药，还帮自己出了这么好的主意。

艳艳谢过老中医后回了家，开始了她的"杀婆婆计划"。艳艳每个星期都有几天给婆婆炖鸡汤，而且她都是很精心烹制带毒药的汤给婆婆喝。她时刻记得老中医的话"一定要避免婆婆的怀疑"，所以她一直都克制着自己的脾气，对婆婆言听计从，像对待自己的妈妈一样对待婆婆。日子就这么半年过去了，这个家里发生了翻天覆地的变化。艳艳发现自己似乎也不再像以前那么容易动怒了，婆婆对自己也不像以前那么刻薄了。细算起来，她和婆婆之间这半年几乎都没有红过脸，更不用说吵架了。

同时，艳艳还发现婆婆对自己的态度也和以前不一样了，婆婆开始对自己也嘘寒问暖起来，还时不时地给自己洗衣服什么的，甚至有点像爱自己的姑娘般对自己宠爱着。有次她去楼下扔垃圾，听见婆婆正在和院子里的几个邻居说儿媳妇给她买的衣服呢！说自己的媳妇有多孝顺、多体贴，有时自己的姑娘都不如儿媳妇疼自己。家里发生翻天覆地的变化，艳艳的丈夫也跟着开心。

一天，艳艳又去见了老中医，让他再想想办法。她说："老中医啊，您上次给我的那种解药还有吗？能帮我婆婆解毒吗？还有办法吗？我现在不想让我婆婆死了，其实她对我挺好的，以前是我年轻不怎么懂事。她现在对我像自己的妈妈一样。"说着艳艳开始哭起来。

老中医颔首微笑着对艳艳说："你把心放肚子里吧，我从来都没给过你什么毒药，我给你所谓的毒药只是一些进补的草药罢了。给你的所谓的解药也是一样的，都是滋补类的草药。其实真正的毒药在你的心里，在你对待婆婆的态度里，现在我的药也起到作用了，把你心里的'毒'给解了。真正的毒也被你现在心里的爱随风飘散了。"

多想想世间的善事，内心就会充满美好；总是想一些世间的恶事，内心就会变得阴暗。心里总是想着一些邪恶的事，人就和牲畜没什么两样。就像故事中的艳艳，当你怀着一颗恶毒的心对待生活，你的生活也会以同样的态度对待你，当你怀着一颗慈悲的心对待生活，生活也就对你很仁慈。

损人利己
之事不能为

有一个人总是闷闷不乐，至于原因，只有他内心知道，他感觉有个人总是在背后说他坏话，他很憋气，总想着找机会要狠狠地报复他。但又找不到机会，也想不到办法，所以就一直很苦恼。

渐渐地他对这人恨之入骨，想置他于死地而后快，可那人偏偏活得好好的，每日乐呵呵的。越是看到那人幸福的样子，他越是不能忍受，恨得牙根痒。最后，由于长期郁闷，他竟然一病不起。

心怀怨恨为害的恶性，常常是他人没被害，自己却先受害了。有的人往往因为一时的冲动，满足自己内心的不平，损害自己的身体，来报复他人。导致最后的害人害己。人生在世时间短暂，常常自我反省："静坐常思己过，事后莫论人非。"常以慈悲之心宽容他人，平和的心来修身养性，快乐的不仅是自己，周围的人都会越来越快乐。

当年在释迦牟尼在一开始传教时，也常常会遇到这样那样的困难，甚至有时都会遭到人身攻击。但他依旧凭借着自己的智慧、顽强的毅力和崇高的人格力量，一次又一次地克服挫折，化解了所遇到的矛盾。

吴亮和田龙两人有些矛盾，有一天，吴亮在闲逛，田龙远远地就看到了吴亮，他对吴亮是深恶痛绝，几乎到了疯狂的地步，此时看到吴亮顿时报复的念头顺势而起。于是他悄悄绕到吴亮的身后，想从背后直接偷袭吴亮，但毕竟是在大街上，不好这么明目张胆地直接来报复，就在这时看到旁边有家正在砌墙的沙子，抓起一把就往吴亮头上扔，不料，当时有风，沙子还没扔出多远就扑面迎了回来，全撒在了他自己脸上。弄得非常狼狈。

街上的人看到刚才的事情，无一不笑话田龙的做法。他羞愧得无地自容。就在这时，田龙听到吴亮在说："心存邪念的人，总会恶有恶报。事事有因必有果。要想有善果，要先做好事。"

听了吴亮的话，田龙觉得很有道理。忽然觉得自己原来是如此的小气，不那么宽宏大量。于是开始反思自己原来错误的所有行为。

再看一个故事，它也告诉我们"害人之心不可有"的深刻道理。

森林之王老虎病了，其他动物知道后都来探望。

狐狸是个天生的马屁精，在它看来，这是个千载难逢的好时机，正好可以巴结一下老虎，顺便欺负一下乌龟——这个它始终吃不了的动物。于是早早地就带着在农家院里偷的母鸡跑到了老虎的洞里。

老虎看到狐狸这么积极还带了好吃的，很是开心。还让其他的动物以后效仿狐狸的积极性。其他的动物虽然看不起狐狸的做法，但又害怕老虎，所以都默默地点点头，以示同意。

狐狸见其他动物不敢反驳它，就趁着机会和老虎说："大王，你看看那个乌龟，到现在都没有来，一看眼里就没您，您都病了也不知道来瞧瞧。"就在这时，乌龟刚好进门听到狐狸说的话。于是说道："大王啊，我来迟了是因为我去找医生了，看有没有好的药方可以使您尽快好起来，继续领导我们。这样我们才能更好地生活。您要知道您的领导和判断能力有多强、有多棒。只有您康复了才是我们大家最好的礼物。"老虎霎时转怒为喜，说道："那你问到药方了没？"

"我找了这么长时间，必须得找到啊，而且呀，这个药方我还是从人类那个有名的华佗的后代那里得到的呢！"乌龟诺诺地说道。

"快，快献出来。"老虎乐道。

"秘方就是，大王想彻底除根，必须活剥一只狐狸的皮，利用现剥下皮的温度裹着您的身体，等皮凉后，你就会大愈。"于是，狐狸当即被捉，活剥了皮。

害人之心不得有，越是心存恶念，越想害人，就越是不能得逞。整天想着怎么谋害别人，从来不想事情都是有因有果的。迟早有一天会受害。因此，损人利己的事干不得，损人不利己的事更是干不得。这两种人起初看上去很精明，实际是最愚蠢的。

比起身心健康，恩怨不值一提

佛法云："故见怨或亲，非理妄加害，思此乃缘生，受之甘如饴。"意思是讲："不管是和我们有恩怨的人还是自己的亲戚，没有任何理由地伤害到我们的时候，我们应该想造成这样的结果肯定是有原因的，因此要先接受，然后再找原因，不要冲动。"

在平日里，我们难免会遇到他人的伤害，有恩怨的人说不定什么时候就给自己找些麻烦，亲朋好友，本相处得不错，哪天不小心也因为一些小事弄得不愉快，给我们自己带来好多身心的伤害。

在面对伤害，我们倘若以牙还牙，事情也许会走到"冤冤相报何时了"的境地，最后落得"于人无益，于己有害"。

忽略恩怨是心理平衡的一种不错的方法。俗话说："生气是用别人的过错来惩罚自己。"总是"念念不忘"他人的"坏处"，最后还是自己的心灵受到折磨。这样自己长期得不到快乐，严重的还可能因为一时的冲动实施报复，最终落得害人害己。

忽略恩怨也是成大事者的一个必备的心理战术，既往不咎，心胸豁达，丢掉心里的包袱，才能轻装上阵。换个角度讲，也许你眼里的坏，未必是真正的坏。即使是真正到恶的地步，你若不计前嫌，待对方礼貌，对方心存感激，说不定弃恶从善，实则对你来讲也是善事一件。

隋炀帝的郡丞李靖，是最早发现李渊有图谋天下之心的人，便多次举报，但事违人愿，李渊还是灭了隋。后来一直想把李靖给杀了，李世民一直不赞同这件事。还请求保他一命。后来，李靖驰骋疆场，征战不疲，安邦定国，为唐朝立下赫赫战功。魏征也曾经鼓动过太子李建成灭了李世民，但后来李世民不计前嫌，对其量才重用，使魏征觉得"喜逢知己之主，竭其力用"，也为唐王朝立下了大功。

相传王安石和苏东坡二人的关系也不是很好，尤其王安石对苏东坡很有成见。他当宰相的时候主张推行变法，但苏东坡总是和他有不同的意见。于是他找个机会把苏东坡降职贬到黄州，弄得苏东坡很是凄惨。但苏东坡却胸怀大度，当王安石也被降职后，苏东坡并没有讽刺挖苦，反而两个人的关系开始升温。相互勉励，探讨学问，非常投机。

下面的故事也是这样的：

相传唐朝陆贽任宰相一职，有职有权，但总有人在他耳边说太常博士李吉甫有谋反之心，耳根子一软便听信了这些谗言。不久就把李吉甫贬到忠州做长史。没过多久陆贽也被免职，新任宰相正好和陆贽有些私人恩怨，于是利用职权故意把李吉甫提拔为忠州刺史，做陆贽的直属上司。用意就是想挑动两个人的关系，以李的"刀"灭陆的人。千算万算没想到李吉甫却是个心胸广阔之人，不记旧怨，刚刚上任就和陆贽结欢饮酒，好不惬意。那位现任宰相借刀杀人的阴谋无计可施。对此，陆贽对李吉甫的为人很是感动，总是积极协助李吉甫的工作把忠州治理得一天甚是一天好。李吉甫宽宏大量，不仅显示了自己的风度，还帮助了自己。更让忠州的黎明百姓名传千古，取得了一生的好名声。

扪心自问，有谁在人生的道路上没有犯过错？当我们自己做的事不那么合适的时候，是多么渴望对方能够理解和宽容。所以，当别人做错事的时候，我们要学会宽容他人，给予对方改正的机会。以宽容之心处世，会天天很开心。

以德报怨不是说只有伟人才可以做到，但凡成功的人都有这样的共性。因此在我们日常生活中，也要以这样的心态来处世。你会发现生活是如此的美好。

以德报怨，化敌为友，是佛法的一种处世手段，更是一种人生的智慧。如此这样，你的交际会越来越广，朋友遍天下。相反的，你总是以怨报怨，他人稍微对你有些不利，你就斤斤计较，这样你永远都不能开心地生活。那么你的日子就没有愉悦可言。

别让怒火压过本来的理智

在平日里，我们时常生气，但静下心来的时候想想其实也没什么可气的，慢慢的不去关注它的时候，它也就没有了。

有一个人，总会因为一些琐碎的事而生气，虽然品德各方面不错，但经常是在和别人处事过程中，还不知道是什么原因呢，他就开始生气了，有时心情不好的时候就吼对方，心情相对好的时候就在心里自己生闷气。其实他自己也清楚这样子并不好，但他就是改不了，于是决定去找高僧帮自己解决心中的困惑。

高僧听明来意后，让他进到一个房间中静坐，然后自己就出去了，还用锁头把门锁了起来。这个人顿时暴跳如雷，开始大骂，一直到口干舌燥，但是高僧并不理会他，他见硬的不行，就决定来软的，开始说软话求高僧开门，但高僧依旧是不理会他。这人见软硬都不起作用，心灰意冷悄悄坐在房屋里不再吱声了。高僧听到屋里没声音了就开锁进门。进来后就问这个人："你还生气吗？"

这个人说："哎，我本以为自己找到高僧就可以解决我的问题，没想到高僧不但没有帮我解决问题，反而还让我受这份委屈。真是没本事啊。"

高僧听后连连摇头说："一个人连自己都无法原谅怎能心平气和？你还是静下来再说吧！"说着转身离屋而去。

又过了些时辰，高僧问道："还生气吗，现在？"

这个人失落地低着头说："再也不生气了，反正也解决不了问题。"

　　高僧听后说："看来你还是把气憋在心里了，哪天你再心情不好的时候迟早还是会爆发出来的，那危害更大。"说着又出了房门。

　　当高僧第三次来到屋里时，高僧还没问，那个人就开口说："我今后再也不生气了，一来是解决不了问题，二来是搞得我心情也不好，三来有些事根本不值得我去生气来折磨我自己。"

　　高僧听后还是摇摇头说："到现在你还在衡量值不值得，这说明你心中的气仍然没有消干净啊！"

　　当高僧再次来到屋里后，那个人就问高僧："师父啊，请您告诉我，到底什么是气啊？您直接告诉我得了。"高僧听后将旁边桌子上的茶水往地上一泼，那个人沉默了半天，站起身叩谢离去。

　　说白了气就是：用他人的过错来惩罚自己的愚蠢行为。

　　一位久经沙场的将军，对打打杀杀的日子厌烦了，于是决定远离人间争斗，去佛门境地度过余生。当他见到禅师后，就对禅师说："我对人间的凡事已不在眷恋，看破红尘，师父就收我为徒，让我出家吧。"

　　禅师听后拒绝说："你是有家室的人，如何能出家呢？而且身上的社会习气也很重，想出家以后再说吧。"

　　这位将军一听禅师这么说，着急地说道："禅师，我是可以出家的，因为我的妻子、孩子我都可以放得下，请您现在就给我剃度吧。"

　　但禅师依旧说："等等再说吧。"

　　这位将军一直坚持着，有一天实在憋不住了，一清早就去寺院里礼佛。正好碰到了禅师，禅师就问："施主为何这么早就在寺院做礼佛呢？"由于这个将军平日里也在看禅书，就用其中的一句回答了禅师，说："为了能让我的心头不在有火，起早礼师尊。"于是禅师也用禅语说："起得那么早，不怕妻偷人？"

这位将军听后，大怒。禅师大笑一声说："我就只是这么简单地一说，你就开始生气，如此急躁，怎么还说你可以放得下你的妻儿。

生生世世，有开心的事就有不开心的事，有的人控制不了自己，总是怒火冲天，此时做的决定，往往是不合理的，不仅会伤害到别人，最终也会害了自己。

一天晚上，胡亮喝完酒很晚才回家。老婆见其回来后就上去管他要当月的工资，于是他就给了老婆100块现金，可老婆说不够，她还要给家里买油买面等生活日用品之类的。她自己除了丈夫刚给的100块钱，身上已经没有任何钱财了。当她再次准备要钱时，发现自己的老公已经躺在床上像死猪一样地呼呼睡去。于是她决定自己从老公的衣兜里拿钱。找到后她全部留了下来。

当胡亮醒来后发现钱不见了，就开始和老婆吵，后来两个人还动了手，弄得彼此都鼻青脸肿的。

在他出门前，他再次把钱收了回来，后夺门而去，他妻子被老公打得躺在地上，她忍痛在床上躺了一天，胡亮也饿了一天。妻子躺在床上，越想越气，觉得自己委屈极了。

然而，女人向来很傻。虽然有些凌弱，却忠诚，嫁鸡随鸡，嫁狗随狗。"你打了我人，但没打我的心。你要敢把我的心打破，我绝对不会饶了你。"妻子哭哭泣泣地说，虽然语气有些硬，可还是妻子先开口跟老公先说话。

"饶不了我？哈哈！你还准备怎样？把我杀了？打得过我吗？没有那本事就不要说那强硬的话。"说着胡亮就往床上倒头睡去。

整整饿了一天后，妻子决定自己做饭吃，于是先烧了壶水，水烧上后她盯着茶壶出神。水开了妻子都没有发现。越想自己的事越是生气，越想越生气。觉得自己是天底下最不幸的女子。老公不仅打了自己，还打那么狠，不但没有道歉的意思，说话还那么恶毒。

在沉思中，她的报复心越来越强，于是把刚烧好的开水向正在熟睡的丈夫泼去。后来的结果可想而知，她被判了刑。

生气发火是人之常情，但一定要学会用理智来控制，不能让自己的怒火压过了自己的理智。为一些小事越整越生气，最终会落得不可收拾的地步，害人害己。因此，在我们平日里遇到那些让我们生气的事一定要学会自己调整。这样一些恩怨就不会滋生，自己也可以活得开心快乐。

要想心静，必须净心

人生是个漫长的过程，凡事不能急于求成，更不能盲目地加速追求什么，只为一时的痛快而做事，对今后的发展是很不负责的一种表现。有时，在我们不断的努力坚持下，成功才会有希望。成功不在于你跑得多快，而在于你一直不停地用正确的方法坚持跑。

有位僧人一向很守戒律，对自己从来都很严格。有天外出，因事耽搁回来的时候天已经黑了。脚步匆忙之际，脚下好像踩到了什么，软绵绵的。这位僧人心想："不会是河边的青蛙吧？那么软，肯定是，真是糟糕，我这不等于是杀生了吗？"后又接着想，"万一是只母青蛙，那我岂不是更加罪孽深重啊？"一晚上这位僧人都辗转反侧无法入眠，一直到很晚才勉勉强强睡着。刚睡着不久，就听见有许多青蛙在那叫个不停，后来有只硕大的青蛙说想要他的命，吓得他瞬间醒来。醒来后喝杯水才知道刚刚是在做梦。静坐许久才把心放平，躺了下来，却一直没有睡着，就这样一直到天亮，天刚刚亮就急匆匆地爬起来去了昨晚回来的路上，看看昨晚到底踩到的是什么。顺着记忆来到"事故"现场，才发现原来是一只熟透的茄子，僧人这才放心下来，高兴地回寺院去了。

境由心生，疑心过重的人内心总是不能平静，总是杯弓蛇影。所以，佛法讲"忘我、净心"的境界不是一般人能轻而易举做到。修行的人都是如此的耗费精力，更何况一个长期在繁华都市、充满诱惑的世间凡人呢？

很久以前，有个叫安平的小山村。有一天来了一位会奇异功能的人，他会化石、化土成金，生火将锅中的水煮沸，然后在锅里放石头、放土，再不停地搅拌，慢慢的水干了，土化了就会生成一粒粒的金豆。

村里的人觉得很是神奇，就特别想学会其成金的秘密。一再诚恳地请求，会奇异功能的人答应了，于是说："大家看起来，化土和水很简单，但想成金必须有个关键的点，这个点就是在土和水搅拌的过程中，不能想树上的猴子，不然一块金都炼不出来。"

村民们觉得很简单，等那个人走后，先由村长开始，他怕不成功，一直提示自己不要想猴子，不要想猴子，结果越是提示，脑子越是有猴子的影子，所以一块金都没有炼出来。只好交给下一个人，然后还千叮咛万嘱咐地对他说，一定不要想树上的猴子。就这么一个一个传下去以后，整个村子里的人，没有一个人炼出一粒金豆。因为树上的猴子总是在他们的脑子里。

这虽然仅是一个故事，但它告诉我们一个道理，做事，尤其是一件很简单的事，哪怕是自己很熟悉的事，谁都很难做到百分之百的投入。所谓"心宁则智生，智生而事成"。就是这个道理。

有位山川大师的手迹在日本京碧寺的山门匾额上，"第一议谛"四个大字，很受游人的喜爱。据说，简单的四个字是二百多年前山川大师写了第85遍的杰作。为什么要写85遍呢？这得从他的弟子说起，山川大师是个做事一丝不苟，力求完美，做事不敷衍之人。所以他写字也是如此，每每写完总会找帮他磨墨的弟子看，让这位眼光独到的弟子给提意见。

然而，替他磨墨的那位弟子，却是个颇具眼力而又直言无讳的人。山川大师的每一笔弟子都看得很认真，对字的成型很是"苛刻"。

第一次写那四个大字时，弟子看了一眼就说："这幅写得不好。"

于是山川大师继续写，一直写到第84次的时候弟子都没有看上一幅。

山川在一次午休后，心旷神怡，心无旁骛的心境下，山川大师挥笔写出"第一议谛"四个大字。正好这个时候他的弟子进来给师父倒茶，看了这次写的四个大字，立马竖起大拇指，表示这幅字他很满意。

心境是一种状态，只有心如静水之时做事才是最好的状态。心的状态在我们日常生活中占据了很重要的地位，要想心静必须净心，心无杂念。如果每天心事重重，杞人忧天，那怎能做到心静呢？这样，即使有大理想、大抱负实现起来也很困难。因此，那些心无旁骛、心如止水的人最终会成为大师。

对他人宽容，
也会得到他人的宽容

佛教里有种活动叫"法事"。即给死难者超度，这是佛法对于生灵最深切的悲悯。祭祀之灵，也是抚慰生者。人生中宽容是件最大的美德，你对他人宽容，同样也会得到他人的宽容。

南明高僧是位很有名的禅师。有天晚上一如既往地在佛殿打坐参禅，忽然进来一个强盗，用刀子架到禅师脖子上说："你个老秃驴，把钱箱里的钱都拿出来，不然我就对你不客气了。"南明禅师不慌不忙地说："钱箱没钱，今天徒弟已经整理到抽屉里了，你可以从那里拿一些。稍微给我们留一些，寺里快没米了，留点大家吃米的钱就好。"强盗打开抽屉，里面的钱一摞一摞的，很是开心，就留了一把钱在抽屉里，正要走，南明禅师说："你拿走了那么多钱，是应该和我们说一声谢谢的。"强盗想想这么容易就拿到了这么多钱，说声谢就说一声吧，说了一声谢谢后就卷着钱离去。再后来，这个强盗被抓。官府根据他的供词派差役押他到寺庙里核实事实。

差役问道："前些天，这个人是不是来过寺里抢钱？"

南明禅师说："他的钱是我给的，不是抢的，走的时候还说了谢谢的。"

这个人受南明禅师的宽容所感动，咬着嘴唇满脸泪水地下跪南明禅师，并愿意给南明禅师做徒弟，南明禅师当时并没有立即答应，后来此人痛改前非，决心弃恶从善，在寺院里跪了整整三天，南明禅师看出了他的决心，最终收他为徒。

有一位居士在河边散步，正好看见一位禅师和乘船人准备乘船渡河，旁边的船夫正在费劲地往河里推船。见此情此景，这位居士有了自己的想法，于是上前去找刚才的禅师。问道："刚才那位船夫推船的时候，将河边的好多虾、螺等压死不少，您说这是算渡客的罪过还是船夫的罪过？

禅师毫不犹豫地回答道："既不是乘客的罪过，也不是船夫的罪过。"

居士不解地问道："乘客和船夫都没有罪过，那么是谁的罪过呢？"

禅师听后大声说道："这是你的罪过呀！"

佛法讲六道众生，但还是以人为本的，从人的立场讲，真理自然是不能说破的，事相更是不能说破。船夫推船渡河是为了生活，渡客是为了渡河办事，虾螺为了藏身才被压，这又是谁的罪过呢？"罪过本是从心生出，心若亡时罪亦无"。无心的做法怎能算是罪过呢？即使有罪，也是无心的过错。而你却在论谁的罪过，这说明你心里是有这个罪过的。居士听了禅师的话，顿时感知有理，难怪乎禅师说是我的罪过呀！

专门找他人的麻烦和过错，本身就是一种内心狭隘的外在表现。一个能够宽容他人，包容他人的人，不仅会给别人一份安逸，更能给自身一片宁静。

一所学校的后院在修整道路，重新用水泥砌面，校长在校园里巡视的时候，发现在路中央的一个地方有两个亮闪闪的东西，校长走近一看才看清是两个美丽的玻璃球。他正准备伸手将两颗玻璃球抠出来，不然水泥干透了玻璃球就抠不出来了。就这会儿，有两个小男孩儿在不远处窃窃私语。校长一回头，两个孩子变得很警觉，立马严肃起来，校长看到他们，摆手示意他们过去，两个孩子过去后立马给校长道歉，说玻璃球是自己弄的，再也不敢了。校长笑笑说："把你们剩下的玻璃球都给我好吗？"两个孩子迅速地都掏了出来，校长和两个孩子说：

"孩子不要害怕，我没有批评你们俩个的意思，你们也不用道歉，我应该感谢你们才是，你们能和我一起把这些玻璃球镶嵌在这水泥路上吗？你们看那已经镶嵌在里面的那两颗多漂亮啊，是你们给了我启示啊，一会儿我告诉你们的同学，带一些贝壳、彩石子来，在这个未干透的水泥路面上镶嵌出你们喜爱的图案吧！咱们现在这个水泥路灰灰的，多单调啊，等你们把图案拼好以后，我相信咱们这条水泥路会变成一个像花园一样的五彩路。"

春夏秋冬来来回回，好多在这里上学的孩子都有了自己的孩子，甚至孩子的孩子都有了，当他们满怀信心地再次把自己的孩子送进这所学校的时候，总会带着孩子走那美丽的五彩路。那些大大小小的图案，不仅是简单的图案，更多地是镶嵌着许多孩子的梦想。

包容是一种无形的力量，更是一种智慧。很多时候，我们不那么恪尽职责，多点对他人的包容，事情会变成另外一个样子。所谓的"难得糊涂"也是这个道理吧！

坦然应对
人生逆境

有个居士问禅师："如何回避寒暑？"禅师道："何不向无寒暑处？"居士又发问："如何是无寒暑处？"禅师再答："寒时寒杀阇黎，热时热杀阇黎。"（阇黎：梵语音译，指高僧。）

禅师最终的意思："寒冷的时候就彻底与寒冷混成一片，炎热的时候彻底与炎热混成一片。"这话听起来会觉得有些玄乎，但仔细品琢一下，就会明白——顺其自然。

人生路漫漫，要渡过很多个寒暑，天气的寒暑我们容易渡过的，真正不好过的是我们每个人都要经历的事业、学业、生活、情感等等方面的"寒暑"。而且，世间万物都有一定的定数，谁都不可能事事顺心、一路平坦的。这样看来，我们要真正认识人生，最好的策略就是顺其自然。

禅师讲要"顺其自然"，寒冷的时候有寒冷的乐趣，炎热的时候有炎热的乐趣。人生路漫漫，要学会分享成功的喜悦，学会调整失败的痛苦。只有看淡一切起起伏伏，保持一颗无欲的心，无拘无束、积极向上的心，随时都是快乐的。那时成功失败都是一样的，成功时不骄躁，失败时不灰心，都能以一颗平常心去对待。那么你的人生是何等高的境界，又是何等洒脱，何等自在。

炎热的夏日，好多人都容易烦躁不安，要是可以做到顺其自然那自然会平静很多，所谓的"心静自然凉"就是这个道理。遇到失败的时候，有的人秃废不已，消极对待任何事情，要是能顺其自然不把一切得失看得那么重，懂得做真实的自己才是最重要的，你会活得很快乐。因为，佛法告诉我们，人生在世，有舍就有得，无论成败，无论喜悦与悲哀都能"顺其自然，不苛求、无欲望地生活。你就会活得自然！"

福罗禅师去拜会石能禅师，说："我的心灵知灵觉已现，但总是会被一些纷乱的念头阻碍。在这种情况下，我该如何用功呢？"

石能禅师说："正视它，直接抛弃掉那些念头。"

福罗禅师对石能禅师的回答并不满意，于是决定去请教全德禅师。

全德禅师说："只要内心宁静那些纷乱的念头自然就会停止，一切顺其自然，慢慢一切就都好了，不要管那么多。"

聪慧的人总是喜欢顺其自然。

有位著名的话剧演员，一直在世界戏剧舞台上活跃了五十多年。糟糕的是在他70多岁的时候竟然破产了。当他准备乘船回自己的故乡时，途中遭遇车祸，腿部受伤严重，而且还引发了静脉炎。

他的主治医生认为，只有把腿截去才是最好的做法，否则他会有生命危险。但是这个事实医生一直都不敢和他讲，实在是怕他接受不了这个糟糕的现实。然而这个事，医生想错了，医生在最后迫不得已把事实告诉他时，他很淡定地告诉医生："如果没有更好的办法就按照医生的说法来处理吧！"

手术前，他念了曾经戏里的一段台词，神色没有一点悲伤。朋友问他是不是在害怕，是不是在给自己鼓气，是否在安慰自己。他说："不是的，我是在安慰医生，其实我受得了，一切顺其自然才好。"

后来，他康复出院，凭着半条腿，继续顽强地在舞台上工作了7年之久。

有位著名的高尔夫球手在一次比赛后，得到了一大笔奖金。当他拿到支票准备回家，刚走出会场就被一位妇女拦了下来。哭哭啼啼半天，告诉这位高尔夫球手，说自己的孩子得了重病，需要马上手术，因为没钱，医院不给诊治，孩子现在还在医院，要是再不就诊孩子就会死掉。这位高尔夫球手听后想都没有想就把刚刚得到的那笔奖金的支票递给了那位妇女。并对她说："好好照顾孩子，祝孩子早日康复。"

事后没多久，高尔夫球手去朋友家参加一个聚会，在聊天的时候，有位朋友问他是不是前两天有位女人找他要钱，说自己的孩子病重，再不就诊孩子就会死去，并且给了她你那次比赛后所有奖金。

高尔夫球手点点头，但感到很奇怪，为什么这位朋友知道这一切。那位朋友看出了高尔夫球手的疑惑，就说事发当天听一位路人说的。并告诉高尔夫球手说："那位妇女是个大骗子，她根本就没有孩子，一切都是谎言！我亲爱的朋友啊，你让她给骗了！你想想要不要报警啊？我还能找到那位告诉我这件事的路人，我们可以请他作证。"

高尔夫球手听后说："你说的是真的吗？"

朋友回答："句句属实。"

高尔夫球手又说："你确定她没有一个小孩子病得快要死了？"

朋友回答："确定。"

高尔夫球手说："那谢天谢地，这是我听到最好的消息。没有孩子病危。"

人生没有一帆风顺的，我们在面对失败、挫折、欺骗等众多的不如意，甚至更加痛心的事情时，我们一定要保持自己的态度，一切看淡，顺其自然，不自寻烦恼。

03

放下姿态，
大智若愚

禅诗有云："手把青秧插满田，低头便见水中天；六根清净方为道，退步原来是向前。"在我们平常的日子里，真正有智慧的人，不是自命清高，觉得自己总是高人一等的人。相反总是那些心胸宽阔，能宽容他人的人。这类人不仅是真正有智慧的人，更是能受到他人的尊敬和爱戴。多少年来，但凡是个伟人无一没有宽容他人的心，容得海川的胸怀。

能忍辱负重者
必成大事

妙绘禅师画的画惟妙惟肖，每张画的价格都较昂贵，是位有名的绘画禅师。而且，他作画总是先收钱后画画。

一日，一个地主找妙绘禅师画画。妙绘禅师张口就问能出多少钱。地主很不屑一顾地说："你要多少都可以，但必须去我家里给我作画，我可不想再来找你了。"

于是二人商定两天后在地主家作画。

当日，地主家请了许多达官贵人到家里，看妙绘禅师作画。画画结束后，禅师准备拿酬劳回寺。地主却当着好多宾客的面说："这个秃驴呀，就知道要钱，一幅画那么贵，不过画画得不错，这也就算了，只是我觉得出家人不是应该那么看重金钱的呀，我觉得他内心透露着对钱财的污秽，所以我觉得这画还是不放在屋里，我要你在我小妾的裙子上做幅画如何？"妙绘听后说："可以，但施主又可以出多少钱呢？"地主还是那句话，"要多少都可以。"

于是妙绘禅师在原来画的基础上又加了一筹。接着就开始在地主小妾的裙子上做起了画。画画完毕后，妙绘禅师领了钱坦然离去。

人们非常奇怪，一名僧生凡事都不干，他要那么多钱干什么，宁愿受人侮辱也要要钱，真是奇怪的僧人。

后来众人才明白，原因很简单，妙绘禅师是为了救助那些灾后需要帮助的人。在妙绘禅师居住的地方经常有灾荒，当地的地主或者有钱人都不肯捐钱救助需要帮助的人，禅师只能自己想办法筹钱、捐粮食。于是才学会画画挣钱来建粮仓救济他人。同时也为了师父的遗愿，重新翻修寺院。所以禅师就要大钱做画。再后来，粮仓建成，寺院翻新，妙绘禅师就隐退了，去哪里了谁也不知道。

人生一世，要明确自己生存的意义才好。只有这样才有奋斗的目标和动力。所以树立自己的理想很重要，当遇到困难时才能勇敢面对。

就像上面故事中妙绘禅师，是个修养极好，有涵养的禅师，不仅目标明确，还能宽宏大量容忍那些侮辱他的人。

纵观我们的历史，历史上春秋时期的越王勾践，为了实现自己的理想，他曾屈膝为奴，尝人粪便。

周敬王二十七年，越国被吴国打败。吴王同意了越国的求和，但要求越王勾践与其夫人去吴国做人质。越王为了今后的复国大业，忍辱负重带着家眷跟随夫差到了吴国做了人质。

越王勾践到了吴国后，将自己带来的金银珠宝通过各种渠道陆陆续续送给了夫差和吴国的一些大臣，自己生活却很节俭，吃糠皮、野菜，穿粗布衣裳。住低矮潮湿的房子。每天都像奴隶般任劳任怨、没明没夜的干活。刚开始，吴王还差遣随从隔日观看越王勾践的情况，但每次都看到他辛勤地劳作，后来慢慢就放松下来，不在对他监视。

而此时的勾践从没放弃过对那些大臣们的贿赂，尤其太宰伯嚭。伯嚭又是个贪财的人，只要收到勾践的礼物，就会在夫差面前说上勾践的几句好话。转眼三年过去了，夫差潜移默化的也认为把勾践放了，对吴国也造成不了威胁，于是跟伯嚭说了准备放勾践回国的意思。

结果这个消息被伍子胥知道了。伍子胥赶忙觐见夫差，说："夏桀抓住了商汤，没有杀他；纣王抓住了周文王，也没有杀他，结果放虎归山，贻害无穷，最后都被自己所囚禁过的人灭掉。如今大王不但不将勾践杀掉，反而要放了他，岂非又要重蹈夏桀、商汤的覆辙？"伍子胥引古喻今，夫差觉得确实有后患，于是放勾践的想法打消了。

有一日，勾践听说夫差生病了。就请求大臣帮忙，说想前往探望。准许后，勾践来到夫差的病榻前伏地而跪，说："小的听说大王病了，心中着急，斗胆过来探望，因略懂一些医术，可以为大王诊断病情，希望能得到大王的允许，也可借此表我的效忠之心。"就在这会儿，夫差要上厕所。勾践等人都退出屋外等候，再次回到屋里时，勾践拿起夫差的粪便放嘴里直接品味。伏地说："大王的病就要痊愈了。我刚才尝出大王的粪便是苦味，这预示您的病情要好转了。"

夫差很是感动，当即表示：等其病愈就送勾践回国。

不久，夫差病愈，为勾践饯行，还专门摆了宴席。于是伍子胥再一次进谏，说："勾践做这些卑贱顺服的事情，是笑里藏刀。卑微中隐匿着诡计，大王千万不要被假象所迷惑，否则的话，必然酿下大祸。"但这次伍子胥的直谏，夫差不仅没有听取反而很反感，当面斥责道："我生病的时候，众臣中并没有谁像勾践那样对待我，对于这种忠心我看得很清楚，你不必再说了。"伍子胥本想再次进谏，没想到被夫差逐出宫。

就这样，勾践忍辱负重三年，尝尽了亡国之君的各种辛酸，终于返回故国。回国后，果然像伍子胥所言，越王勾践终以"三千越甲"吞并了吴国，实现了问鼎天下的理想。

那些有理想的人，辱骂、羞辱都不是很好的手段，他们都会坦然面对，当饭吞下。佛法曰："难忍能忍，难行能行。""吃得苦中苦，方为人上人"。正是这样的忍辱负重，才是成就明日的保障。

进退有致
是智慧的处世之道

一拨学画画的学生，在校门外的墙上曾经画了一幅龙争虎斗的画像，龙在云端盘旋，虎在山头欲扑向龙。修改了数次，总还是觉得画中的龙和虎都不是那么惟妙惟肖，但又找不出不足在哪里。就在这时，学生们的老师恰好外出回来，于是和学生们开始了对这幅画的谈论。

老师仔细看完画后说："这龙和虎的外形画得还可以，但这龙和虎的特性你们都没有把握好呀。你们要懂得一些道理。龙在攻击之前，它的头肯定是向后退缩；虎要向前扑时，头肯定是向下低。龙头缩得愈靠后，虎头愈低到接近地面，它们的冲劲就愈大。"

学生们听了很是高兴，无不佩服。老师接着说："画画其实和做人是一样的，退一步海阔天空。退一步之后，你会发现冲得更远，适当地休息之后才能爬得更高。"同时送给学生们一首他自己创作的诗。

手把青秧插满田，低头便见水中天；

身心清净方为道，退步原来是向前。

蜂鸟生活在茫茫的亚马逊热带丛林中，是一种很特殊的鸟，它们总是倒着飞。其实，在很多年前，蜂鸟也是正着飞的。它们虽然体型小，但繁殖能力却非常地快，多时扇动翅膀可以遮天蔽日，让整个森林都笼罩在阴影之下。而且它们天生好搏斗，不怕牺牲。在它们的群族中有这样的规定：只准向前不准退后，如果有胆敢临阵退缩的，就会被自己的同类啄死。

它们肆无忌惮地猎取，只要是它们想吃的东西，就一定要吃得到。当时的亚马逊丛林中，没有哪种动物敢与蜂鸟做对抗，都害怕极了蜂鸟。

事物总是有天敌的，一场大火改变了蜂鸟无敌的局面。由于它们容不得比自己更厉害的事物存在，当它们看到烈火在丛林中迅速占据了它们的地盘，很是愤怒。于是，在蜂鸟王的指挥下，一群群的蜂鸟勇敢地向烈火扑去。结果大家都可以想得到，一群群的蜂鸟死在了烈火中，但它们还是没有一只退缩，继续地向烈火发起攻击。

没多久庞大的蜂鸟家族眼瞅着就要全军覆灭了。其中一只蜂鸟开始动摇，它退缩了，它悄悄地开始往后飞。但却被蜂鸟王发现，当蜂鸟王准备发动其他蜂鸟对它攻击时，发现有一大部分的蜂鸟都跟着那只蜂鸟一起向后飞了去。

熊熊的大火结束后，蜂鸟王和那些奋勇向前冲的蜂鸟们都成了烈火的牺牲品，仅那一小部分向后飞的蜂鸟活了下来。至此蜂鸟开始倒着飞，而且不再攻击其他动物。性情也变得温和了，且只吃蜂蜜。

今天我们看到的蜂鸟体型依旧弱小，在亚马逊丛林中依旧有它们的身影，它们与整个丛林的其他生灵同在。我们想想，当初要不是那一小部分的向后飞的蜂鸟，恐怕我们就再也看不见蜂鸟了。

其实在我们日常生活中，很多的时候，很多人都像那部分向前冲的蜂鸟，陷入一种盲目的追求中不能自拔，哪怕他们明白脚下的路不通，哪怕知道继续下去代价会惨重，但依旧不后退，不转努力的方向。

"刚易折，曲则全"，"小不忍则乱大谋"，"忍一时风平浪静，退一步海阔天空"……这样有哲理的话，我们都明白，但从古至今，能真正明白的有几人，明白又做到的又有几人？如果人人都能真正地懂得这些道理，都奉行这样的道理，人生还有什么困难可言呢？可惜的是，我们大多时候都知易行难，却都不能用行动来实践。

生活中我们执着、我们好斗。然而一个人再自尊，再骄傲，再好斗，都也像龙一样退缩、像虎一样能低头，像蜂鸟一样能后退。

人生在世，切忌不要盲目地冒进，该进则进，该退则退，当强则强，当弱即弱，进退有致，强弱有度，才是长期生存之道，为人处世智慧之道。

学会宽容，
博得赞美

为人可以宽容一切，心胸宽阔，懂得尊重他人，人与人之间就会少一些碰撞和摩擦，矛盾就会越来越少，欢乐就会越来越多。

有两位有名的禅师，妙峰禅师和慧能禅师。一日，妙峰禅师推车搬运经书，慧能禅师正好坐在妙峰禅师推车的路旁，因为道路太窄，所以妙峰禅师让慧能禅师往边上坐坐，让一下路。不想慧能禅师不仅不让路还蛮横地说："我从来就只伸不缩。"结果，二人争执不休。

妙峰禅师看这情形，慧能禅师这是要跟自己对着干啊，一时半会儿肯定是不会让路的，于是使足了劲奋力朝前推车，车轮直勾勾地碾过了慧能禅师的脚。

慧能禅师立即回到屋里，手持锋利的斧头，然后召集众僧登坛讲法。众僧看着架势很是害怕，觉得要有大事发生，知道势头不妙，都闷不作声。慧能禅师晃着斧头，对众僧说道："刚刚是谁碾了我的脚，赶快站出来，我要砍了他的头。"众僧面面相觑，议论纷纷。

妙峰禅师听见后，放下车子快步走到慧能禅师的前面，然后伸出了自己的脖子。

慧能禅师见妙峰禅师毫无惧色，便放下斧头，心平气和地对众僧说："如果你对自己的前途毫无惧色，那大千世界你便可任行啊。"

妙峰禅师听到这话，缩回了脖子，给慧能禅师礼拜后推车继续搬自己的经书。慧能禅师看到这一切又说道："能进能退，乃真正法器。"

在我们平时做事的时候，在考虑好之后就要勇敢地去做，不要畏畏缩缩，不然成功就与你失之交臂了，但对于另外一些人来说，后退的道理显得格外的重要，一味地蛮干是得不到成功果实的，要学会放低自己的姿态，才有机会获得更大的利益。

有一位在美国计算机专业毕业的博士，毕业后在美国找了好久的工作无果，仔细琢磨后他想了一个办法，决定将所有的学位证明收起，以"最低身份"去求职。

没过多久，他得到了一份程序输入员的工作。这对他来说简直是简单的不能再简单了，但他依旧很认真的干着自己这份工作。很快，BOSS就发现了他不只是简单的程序输入，还能看出程序中的错误，相对一般的程序输入员，他真是个香饽饽。于是BOSS决定给他升职。没过多久，新任的职位，他显得得心应手。于是BOSS再次给其升职，就在这时，他给老板拿出了自己的学士证，BOSS顿时感到如此惊讶，给他换了与他同等学历专业的职位。

过了一段时间，老板又发现他经常在关键的时候能提出许多独到的、有价值的方案，远比一般有学士专业的员工高明得多。这时，他又将硕士证给了老板看，老板再次给他升职。

再过了一段时间，老板还是觉得他不是一般的研究生，就询问了他，他最终拿出了他的博士证。此时，老板对他的能力已经毫无疑问，直接给予了重用。

其实，人最不怕的是被人看低，最怕的是别人把你看高了。看低了，你可以随时找机会亮出自己的真本事，一次次让他人对你刮目相看，那么毫无疑问，你在他人眼里的形象迟早会高大起来；可如果一开始别人把你看的很高，觉得你很了不起，对你寄予很高的厚望，一旦你的一个失误都会让别人觉得失落。倘若再出现个大错误，会对你产生失望。结果会被别人越来越看不起。

宽容能驱散怨恨，宽容能带来仁义。学会宽容，博得赞美，世界会变得轻松和谐。

有个叫马利的人，在人员调配上出现了一些问题，于是引起了一些人的仇恨。有一次在股东商讨会会议上，一位股东当面粗野地辱骂他。当时他也气得要死，但还是极力地忍耐着。直到对方骂完为止，他才用温和的口气说："你的怒气应该放了一大半了吧，按照常理你是无权利这么责问我的，但我还是想详细的回答你的任何疑问，直到你听明白。"

这种低姿态霎时使那位股东觉得惭愧不已，矛盾也随着这种氛围缓和了不少。试想，如果我们每个人都利用自己的职权和得理的优势，咄咄逼人，进行反击的话，对方有谁能真正心平气和的听你的解释？因此，当我们在与他人产生对峙的情况时，得理一方能以宽容的态度对待对方，事情就会好办很多。

对我们大部分常人来说都是"进有余而退不足"。认准一个事就像钉钉子般硬往里砸，其结果往往是欲速则不达，达不到自己最终想要的结果。只有能进能退，才是真正的法器，才更容易获得成功。

时刻保持谦逊姿态，这是你将来的财富

有位女富人，不论财富、地位、能力及美貌，都没的说。但她却总是得不到快乐。一个知心朋友也没有。于是她请教一个禅师寻求答案。如何才能变得有魅力，人人都喜欢。

禅师听明来意便道："这个简单又不易，简单的是你要学着用慈悲之心随时随地与各种人合作，讲禅语，道禅音，做禅事。相信过不了多久就会有人喜欢你。"

女富人听后点点头，然后问道："禅话如何讲，禅音如何道，禅事又如何做呢？"

禅师笑道："这个更简单，禅话，就是说喜话，说真话，说谦逊的话，说利人的话；禅音就是化一切声音为微妙的声音，把辱骂之声转为慈悲之声，把毁谤之声转为颂扬之声；禅事就是布施的事，善事，服务他人的事，合乎佛法的事。"

女富人听后深受感悟，从此改正以前的骄气、傲气，不炫耀自己的财富，不自恃自己的美丽，变得待人谦恭有礼，结果如禅师说的，得到了好多好朋友。

老子之所以伟大就是因为他不自以为自己伟大。成功人士必备的品格就是谦逊，具有这种品格的人，往往在待人接物时能够有礼有节、尊重他人；能够虚心倾听他人意见和建议，取长补短；在成绩面前不居功自傲，对待自身的错误能勇于认错，并及时改正。

谦逊是美德，是一个人成功的前提和基石。无论你做什么工作，什么职务，能够做到从谦逊做事，就能获得更多的知识和他人的尊重。谦逊的人能够认识到自己的不足，减少与他人的差距。使自己的事业、人际更上一层楼。

那些装模作样、摆架子、盛气凌人的人怎么能够虚心向他人学习，了解群众的实际情况呢？

美国第三届总统托马斯·杰斐逊一向主张"每个人都是你的老师"的说法。

杰斐逊的爸爸是军中的上将，母亲也是名门之后。根据当时的传统，他们一向都看不起平民百姓，贵族除了发号施令之外，是不与平民百姓相互交往的。但这个恶习杰斐逊认为很不好，总是主动和各阶层的人士交往。在他的朋友当中有社会名流，有普通的园丁、仆人、农民也有贫穷的工人。他向他们学习，因为在他看来每个人都有自己的长处。

在一次杰斐逊和法国伟人拉法叶特的对话中，杰斐逊说："你必须像我一样到民众家去走一走，看一看他们的菜碗，尝一尝他们的面包，只要你这样做了，你就会了解到民众不满的原因，并会真正懂得正在酝酿的法国革命的意义了。"

杰斐逊虽是总统，但作风扎实，深入实际，很清楚民众的想法和需求。这样能与各阶层打好关系的领导能不受到人们的爱戴吗？其实从另一个角度讲，这样的习惯也造就了他成为一代伟人。

谦逊是一种美德，它可以使人在面对成功、荣誉时不骄傲，作为下一次成功激励自己的动力。居里夫人就是一个典范，以她谦逊的品格和卓越的成就获得了世人的称赞，然而她对这些所谓的荣誉并没有骄傲，这种泰然处之的态度，让那些喜欢居功自傲、浅尝辄止的人汗颜不已。这种充满爱的美德也感染了自己的女儿，居里夫人的女儿和女婿也在科学的道路上做出了不少的成就，还获得了诺贝尔奖，成为了两代人获三次诺贝尔奖的家庭。

纵观历史，越是伟大的人，他们都有谦逊的美德，有这样的美德，他们更加受到他人的尊敬。而那些，取得了一点点成绩，就开始自以为是、沾沾自喜的，迟早是他们自己吃亏。

有一个人自觉得自己的学历比别人高，总是看不起别人，有一天去单位后面的池塘钓鱼，正好单位的两个同事也在，他一向看不起别人，但多年的教育还是要有礼貌，于是他只是象征性的和那两位同事点点头，示意打招呼。没多久，两位同事内急去对面的厕所，只见二人蹭蹭蹭从水面上像飞一般跑到对面上厕所去了。这人看着眼睛都快瞪掉了。心想：难道这两个人会轻功？这可是一个池塘啊！正在疑惑的工夫，那两个人上完厕所后，又蹭蹭蹭地从水上"飞"了回来。

这时这个人也内急，想上厕所，他环顾了下周围，厕所在池塘的对面，但两边都有围墙，要过去必须绕出去，才能进到对面的厕所。要么就回单位去上厕所，但那样更远。这个人就想了，他两个人都可以的话，那我应该也可以，只听"扑通"一声，这人生生栽到了水里。

两位同事赶紧把他救了上来，问他为什么要跳下水，这个人反问道："那你们为什么可以从水上走过去呢？我怎么就掉进去了呢？"两位同事相视一笑，其中一个对他说："这池塘里有两排木桩子，我们是踩着木桩过去的呀，只是这两天，天天下雨，木桩刚好被水淹没了，但我们知道木桩的位置，自然就可以踩着过去了。你不了解怎么就自己冒险下水呢？最起码要问我一声啊？"

人无完人，每个人都有自己的长处、自己的缺点。不应该以自己的长处比他人的短处，更不应该以此觉得自己比他人更高一筹，而看不起他人，骄傲自满。时刻保持一种谦逊的姿态，是你将来的财富。

忍是一种高超的处世之道，
也是保存实力的一种手段

有位禅师叫山悟，有日，一位叫寒子的僧人问他："我看你天天都很开心，也没人欺负你，你说如果有人无辜地欺负我、耻笑我、欺骗我，我应该怎么做呢？"山悟说："你忍着、谦让他、尊敬他就可以，不要太过理会这些事就可以。

寒子又问道："还有该如何躲避别人对我的恶意纠缠啊？"

山悟说："弥勒菩萨偈语说，老拙穿破袄，淡饭腹中饱。补破好遮寒，万事随缘了。有人骂老拙，老拙只说好；有人打老拙，老拙自睡倒；有人唾老拙，随他自干了。我也省力气，他也无烦恼；这样波罗蜜，便是妙中宝。若知这消息，何愁道不了？人弱心不弱，人贫道不贫。一心要修行，常在道中办。如果能够体会偈中的精神，那就是无上的处世秘诀。"

山悟的意思是说一切要有忍耐精神。忍耐是成功中关键的因素。但，忍耐不是逆来顺受，屈服于事情的任意支配和调遣，让时光将自己的信息磨平。生生不息、顽强地排除万难有所超越，才是忍耐的扩张。忍耐也不是消极颓废，也不是悄然放弃的意思。它是磨炼意志、锻炼毅力，检验成功的试金石。

忍耐是一种成功手段的保证，是一种动态的平衡。它能协助我们看透各种阻碍和迷惑，认清实质。学会忍耐，你的人生将美丽如画。

忍，在我们生活中很重要。因为不能够忍受一时的小伤害，而误了大事的人，不是不存在。请看以下事例：

三国时期，刘备的军师诸葛亮，立志要收复中原。他曾攻打曹魏六次，而魏军的统帅司马懿却总是不与其对抗。哪怕诸葛亮羞辱司马懿，司马懿都置之不理。每次战事的结果都是蜀军粮食耗尽，退兵归蜀而告终。致使诸葛亮致死都没有能统一天下。唐朝大诗人杜甫还曾为诸葛亮惋惜："出师未捷身先死，长使英雄泪满襟。司马懿的忍，让一代儒将没有办法啊！"

人们常说，"忍字头上一把刀"，事实真是这样的。这个刀，让你痛，让你痛定思痛，磨平你的锐气，逼出你的勇气。所谓"小不忍则乱大谋"就是这个意思。只有懂得在困境中忍耐，韬光养晦，总有一日会有重整河山的时候。

忍不仅是屈忍、保全，还要忍得让对方感到高兴，感到没有威胁，才能彻底逃脱难关。不然，即使你表现的逆来顺受，却又表现出满不在乎，这就会折透出对敌手的藐视，这样会更危险。

西汉的杨恽，为人正直，为官廉洁奉法。即使这样也会有人对他不满，于是在他官运亨通之时，有人在皇帝面前进了他的谗言。说他其实对陛下早就心怀不满，表现得那么廉正只是为了掩盖他的逆反本质。皇帝经人这么一挑拨，便把杨恽贬为了平民。

杨恽本性无贪欲，官职丢了也没什么怨言，反而落得清闲。在原职时置办一些家当会留得话柄，现在身为平民，就不在乎了。他的一位好友，见此，专门上门与其警示，这样做迟早会出大事。你本清正，都能落得话柄在他人手里，你现如今这么热火朝天的置办家产，拓展人际，如此高调，那些污蔑、陷害你的人，必然会再次找茬的。

杨恽挥一挥衣袖，说："我本就没错，皇帝他罢了我的官，罢了就罢了，我现在是普通老百姓还能对他有什么威胁吗？没你说得那么严重了。"好友说：

"怪不得你的官会被免，欲加之罪，何患无辞的道理你要懂啊。那些污蔑你的人视你为眼中钉、肉中刺，你现在不但没有表现得难过，反而乐不思蜀。加上那些制造谣言的人不就更有话说嘛！"但杨恽还是不听友人的劝告，继续拓展自己的人际，置办自己的家业。没过多久，那些曾经污蔑他的人又向皇帝诬告说："杨恽被免官后，不仅不思悔改，反而更加自在，天天聚集众人，生活腐化，如果当职时没有私藏现在怎会有那么多东西置办？可见当时的清正廉洁是装出来的。而现在又在聚集众人，这不是准备逆反的表现吗？"皇帝一听果然是如此，立即下令将其缉拿归案，以预谋逆反之罪将他腰斩了，连他的妻儿也被流放到了边界。

当初杨恽被免官后，能够听从好友的奉劝，装得甘于受罚的样子，那些本要害他的人怎么会有把柄向皇帝进谏呢？相反如果低调行事，害他之人不会有危机意识，对他不会太在意。也就会停止对他的攻击。杨恽的不忍，不听劝终于酿得了自己被杀，家人被流放的悲剧。

忍是一种高超的处世之道，也是保存实力的一种手段。总是那么高调，一味地强出头，迟早会遭到敌对。"留得青山在，不怕没柴烧"这个道理要懂的。

[时时发挥自己的长处，
时时弥补自己的不足]

瑞士银行中国区主席兼总裁李一，是唯一被沃顿商学院录取的中国学生。美国沃顿商学院在世界上也是首屈一指的商学院，当初李一考得也是很费劲，前三次面试都没有取得结果。最后一次面试时，他直接在考场上问主考官："如果我不被录取，那最可能的原因是什么？"

考官很认真地回答："很可能是因为你没有工作经验。"在美国商学院录取有个前提条件是必须有商务工作经验。

李一想了想说："按你们的招生材料所说，沃顿作为世界最优秀的商学院，肩负着培养未来商务领袖的重任。但世界各国发展很不平衡，如果按你们现在的做法，商务成熟的国家会招生特别多，像中国这样的发展中国家可能一个也招不到，这跟沃顿商学院的办学宗旨是自相矛盾的。"

主考官听了李一的说法后很是欣赏。结果可想而知，李一成为当年52个申请该校的中国学生当中，唯一一个被录取的中国学生。

古人云："梅须逊雪三分白，雪却输梅一段香。"每个人都有这样那样的缺点。即使是伟人也不例外。拿破仑身材矮小，林肯相貌丑陋，罗斯福患有小儿麻痹。有些伟人有的是先天性缺陷，后天无法改变的。这些都足以让人觉得是痛苦自卑的理由，但他们并没有因此而颓废，反而造就了他们辉煌自信的一生。

有位著名的画家很擅长画虎。一日，请友人到家里做客，友人刚推门进来，一只咆哮的猛虎迎面扑来，阴风乍起，顿感毛骨悚然。半晌，友人才恍过神来，它活灵活现，栩栩如生，那威严的气势真是无法形容。友人仔细分辨才看出眼前的是墨彩画。足以见得，该画家的画功有多深厚。

座即，友人道："您画虎真是到了炉火纯青的地步啊，可见画功不是一般呢，如此为何不开拓一些新画路，画画其他的动物，或者山山水水呢？"

画家摇摇头，沉吟片刻后进里屋的床下拉出了一只大木箱，然后指着箱子说："看看这里的画吧，你就完全能明白了。"

友人打开箱子，箱中全部是画家以前的作品，不是山水就是花鸟百兽的画稿。

友人拿起画稿仔细揣摩着，本想着给予画家一些赞美，看完画稿后，话到嘴边便咽了下去。画家也看到了友人的表情，于是毫无顾虑地对友人说："你明白我为什么画虎了吧？这些山水鸟虫是我的缺陷啊！"

我们在做事前要确定目标，在这个过程中适当的尝试和探索一些新的方法是一个不错的选择；明确目标，找到适合自己的方法。利用自己的特长，就勇敢地去面对任何苦难吧。懂得扬长避短，是取得最终成果的一种保证。

有位著名的搏击高手，准备参加标锦赛，本是自信满满，稳操胜券，觉得自己一定可以夺得冠军。然后事实总是事与愿违，在决赛的最后，他的对手是个与他实力相当的高手。二人竭尽全力出招攻击彼此。在比赛的过程中，著名搏击高手发现，自己根本找不到对手的薄弱之处，相反自己的薄弱却能够突破自己防守中的不足，总是能有选择地打中自己。

结果正如大家想的，搏击高手输给了对手。与这次的冠军奖杯擦肩而过。搏击高手很失落地找到了自己的老师，并把当时赛场的录像带给老师看，想让老师看看到底自己哪里的不足让对方把握这么准确。决心根据这些破绽，查漏补缺争取下次冠军的奖杯。

　　老师看后默默不语，拿起地上的小棍，在地上画了一条线，让他想办法在不擦掉这道线的前提下，让这条线变短。

　　搏击高手想了半天没有结果，无奈，再次请教老师。老师拍拍他的肩膀，在刚画的那条线的旁边，又画了一条更长的。两条线相比，谁一看都明白了，原来的线可不就在不擦掉的情况下变短了。同时老师对他说："夺冠的关键，不仅仅是你能够找出对手的弱点，然后找出弱点进行攻击，就像这地上的长短线一样，如果你不能在特定的要求下使这条线变短，那你就要学会放弃这条线，找另一条更长的线让其变短。也就是说，只有你自己变得更强，对手就像原来那条线，自然就变短了。所以怎样才能让自己变得更强，才是你最需要寻找的根本。"

　　搏击高手顿时恍然大悟。

　　老师见学生顿悟，说道："搏击不仅是要用力气和毅力，还要学会用脑，有选择，有放弃，不硬拼，弥补自己的不足，让自己的不足变为强势，那么你的胜利就在眼下。"

　　人生总是在有形无形的对决中，如果你想在每次对决中都取得胜利，那最关键的方法就是时时发挥好自己的长处，弥补自己的不足，用自己的长处攻击对方的短处。才能最大把握地赢得对方。

踏实做好每一件小事
是成功的基础

有位小僧，终日认真参禅打坐，一心一意地想要开悟，可总是不能如愿以偿，一日清晨碰到师父，师父见他愁眉苦脸，便关切地问道："你怎么了？有什么心事吗？可不可以跟为师讲讲，兴许我可以帮到你。"

小僧见师父如此一问，很是开心，就对师父说："我一心想开悟，终日认真参禅打坐，可总是不能做到，该如何是好呢？"

于是师父问道："你喝粥了没？"

小僧回答："我喝完了。"

师父又问："喝完粥了？那就去洗碗吧！洗完了碗就能找到自己了。"

这一粥一饭无不蕴含着禅意；对于迷顿之人来讲，日常生活琐碎的小事其实是最大的障碍。像那些真正伟大的人物对日常生活中的各种小事从不藐视。甚至常人认为很卑贱的事，他们都会满腔热情地去做。

一心一意做事是前提，人世间没有做不好的事。这里的事，有大事，也有小事。大小事，都是相对而言。多半的时候，小事不一定就是小事，大事不一定就是大事，这个关键在于做事人的看法。那些对小事不屑一顾，一心只想做大事的人，往往连小事也做不好。道理大家都明白，一般连小事都做不好的人，大事是很难做成的。

有位智者说："不会做小事的人，我们很难相信他会做成大事。大事都是由小事逐一积累而成。大部分的人常常忽略小事，导致最终的大事一件未成。

对小事认真、谨慎，是将来做大事的充足铺垫，不要小看小事，不要厌倦做小事。凡事有益于事业的事我们都需要努力做好，用坚实的小事堆砌起来的事业城堡大厦才牢不可摧。

有位女大学生，毕业后就被一家大公司聘用，但给她安排的总是做些非常琐碎而单调的事情，比如订水、订餐，打扫办公室，打印文件等等，没过多久她就辞职不干了，在她看来，这些事都是很单调无聊的事，没有一点技术含量，也显示不出她的才能。

这时，人事经理感叹道："每每新招来的员工，总是这样，本科和大专生相比，本科生的素质一般都会比大专生高一些。可往往一些本科生自诩骄子，刚到了公司就想挑大梁，在乎待遇，还挑剔他人。真有重要的工作让他独立去完成，往往漏洞百出。一个个本事不大，脾气不小；大事做不了，小事不愿做，做了又觉得委屈，总说公司埋没了他这个大人才，所以有时候，我们宁可找些中专、大专生也不愿招一些华而不实的本科生。"

以上这种情况在我们当今社会中实在是屡见不鲜。古往今来都不缺乏这样的人。一心沉湎于大事的故事。

东汉时期，有个叫陈蕃的人为了干一番惊天动地的大事，整日足不出户，日夜攻读，很是辛苦。一日其父请了自己的好友薛勤来家里做客，期间问道陈蕃的父亲："怎不见贵公子呢？有事外出了吗？我有好久没有见到过贵公子了呀！"父亲说："犬子在后院攻读，很是辛劳。"二人同步来到后院，只见庭院荒芜，杂草丛生，纸屑满地。便问道："孺子何不打扫？"陈蕃答道："大丈夫处世，当扫除天下，安事一屋乎？"薛勤说："一屋不扫，何以扫天下？"

在我们身边不缺乏陈蕃这样的人，在他们看来，大丈夫是做大事的，琐碎小事可以不拘，志在扫除天下。殊不知，小事皆由大事累积而成，小事都不愿做、不屑做，且做不好，大事怎能做好呢？

凡事要心怀志远，脚踏实地从点滴小事做起。没有宏图大志、高远的目标，只能是天天忙碌于一些琐碎的事，碌碌无为地过一生，那你注定是一个庸人；同样一个人只有远大的志向，而不愿做一些细小的事，那就所谓的志大才疏。

荀子讲过这样的道理：

积土成为万仞高山，风雨就从山里兴起；积水成为千浔深渊，蛟龙就会在这儿生长；积累平凡的好事就成为道德，精神因而得到升华，智慧因而得到发展，圣人的思想境界就逐渐具备了。所以，不从一步一步开始，千里万里的路程就走不到；不积细小的水流，浩瀚的江海就形不成。骏马一跃不能跳十步，驽马拉着车走上十天，所跑的路程就非常可观，它成功的秘诀就在于一步一步地走下去。搞雕刻的情况也是一样，如果刻几下就扔开，连朽木也雕不成，如果勤勤恳恳地刻下去，金石也会刻成漂亮的图案。

从心理学角度讲，意志的培养，是一个由弱到强、由低入高循序渐进的过程。积小成也可以为大成。恽代英说得很深刻："立志须用集义工夫。余意集义者，即在小事中常用奋斗工夫也。"这里的集义便是积累的意思。"冰冻三尺非一日之寒"。坚强意志都是在许许多多的小事磨炼中慢慢培育而成。

成功者与平庸的人最大的区别就是对待小事的态度。一般人都不愿意做，而他却愿意做而且做得很好，终能成为成功者。

他人做不好的事你可以做得很好。例如端茶倒水好多人不愿意做，你却端得很有水平；洗刷马桶很多人不愿意做，你却刷得明亮又干净；事前不愿意做准备，你却做了很多的准备等等，每一件别人不愿意做的小事，你都愿意做，而且做得很好，你成功的概率注定会不断地提高。别人不愿意做的事，你做得多了，

你便可以成功。

 有远大理想是成功必要的前提。一步一个脚印，踏实做好每一件小事是成功的基础。吃得苦中苦，方为人上人。不然你的一生就会在碌碌无为中度过。

成功没有捷径，唯有坚持

有人问，到底失败和成功的区别在哪里？同样都是要付出努力，都是为了目标，为什么有的就成功了，有的就失败了？答案其实很简单，失败只是少走了靠近成功的最后一步；成功是走过了所有失败的路后剩下的最后一段路。

"水滴石穿"的故事大家听说过，岩石缝中的水滴一直滴在下方的石头上，时间长了，岩石被水滴滴穿了。汉代的班固也曾经说过："一日一钱，千日千钱，绳锯木断。"其实这些道理我们都懂，深知"不抛弃，不放弃"的重要性。请看如下的例子：

爱因斯坦总是在工作之余抓住一切时间研究物理学，风雨无阻，正是有这样的恒心，知识日渐丰富，最终写出了《相对论》。为人类作出了贡献；现代书画家齐白石也是一个很有恒心的人，一日不作画，心里就会很惦记，第二日也要给补上。甚至在85岁高龄的时候，一天画了四张条幅，还在图上题到："昨日大风雨，心绪不宁，不曾作画，今朝至此补充之，不教一日闲过也。"

滴水穿石不仅靠的是力量，更是靠着"不抛弃，不放弃"的精神。所有的失败和成功都仅是人生旅途中一个小里程碑，我们的目标不仅是一次的成功，而是一生的成功。因此让骄傲和灰心丧气随风飘走吧！

从前有位僧人，为了完成一个心愿，整日去外面行乞。他的心愿就是为佛打造一个金身，这事虽然听上去是功德无量的一件事，但也是一件非常困难的事。

但僧人还是依旧坚持，直至心愿完成。

第一天行乞募款，他很早就来到了闹市，他心想人多一些，募捐的人应该也就多一些吧，可是半晌过去了，没有一个人愿意去施舍给这位僧人。他在墙角休息的时候过来一位商人，他施礼道："贫僧誓愿塑佛金身，请施主捐一点儿给我吧！你会有好运！"

没想到商人连正眼都没看他一下，无所谓地大步向前走去，僧人连忙追上去，低声说道："施主行行好，给多少都行！都在积德。"

商人很厌烦地说："走开，我是不会给的。"继续向前走着，僧人就在后面一直跟着，一直走了好久，商人实在拗不过僧人就随手扔下一文钱。僧人捡起地上那一文钱，很开心地向商人行礼致谢。

商人看见僧人因为一文钱开心不已，觉得奇怪，便问道："一文钱也能让你高兴成这样？"

僧人再次向商人行礼后，说道："这是贫僧靠行乞修建佛身的第一天，倘若连这一文钱都化不到，也许贫僧的心志就会产生动摇了。而您的行善让我对修金身的目标更加坚定，因此欢喜不已。"

说完行礼后转身向回走去，日复一日，年复一年，无数个日子过去了，僧人为筹足资金，不惜严寒酷暑，最终筹募到了所有资金，完成了塑金身的心愿。

一文钱看起来少得很，但要清楚这是成功的一个开始，这位僧人正是认识到这一点，所以信心十足，日日夜夜不辞辛苦为塑金身。这也就是所谓的"积小流以成江河"地高尚品质。

世界上最成功的制片人，他叫史蒂芬·史匹柏。在电影史上十大卖座的影片中，他个人就囊括四部。年纪轻轻，就能有如此成就实为不简单啊！下面我们听他的故事。史匹柏17岁的某天下午，他参观了环球制片厂。就因为这个参观，改变了他的一生。那天下午他观看了一场实际电影的整场拍摄，处于好奇还与剪辑部的经理齐膝长谈了好久。

从那天起，他对电影产生了浓厚的兴趣。一有时间就会到摄影现场，有时大门的守卫不让进，他就装成那里的工作人员。或者打着群众演员的幌子，想尽办法进去。时间久了他跟那些导演、编剧、剪辑都熟了起来，他很是开心，终日流连于自己梦寐以求的世界中。从众多有名的导演的交谈、学习、观察中，培养了他电影制作的敏感性。

就在他20岁那年，他正式成为了电影工作者。他在环球制片厂播放了他的第一部片子，为此还获得了一份长达7年的合同。终于实现了他的梦想。

成功没有捷径，唯一正确的方法就是坚持。聚沙成塔，水滴石穿。一点一滴的积累都是为将来的成功添砖添瓦，为将来的成功打基础。这样，哪天你回望这一路时，你会发现自己是如此的坚强。如此的有能耐。那位筹款塑金身的僧人和史蒂芬·史匹柏就是我们的榜样。

认准一个目标
努力下去

专心是自制的又一种表现。经过对一百多位在其本行业获得杰出成就的人的商业哲学观点进行的分析，所有成大事的人物，他们都有一个共同的优点，都专心做着自己要做的事。

对某一个特定欲望进行意识的集中，称之为专心。并把这种意识集中付诸行动，直至成功。

构成成大事者"专心"行为的主要因素有两个，一个叫自信心，另一个叫欲望。如果没有这两个因素，专心致志也就毫无神奇感了。有人该问了，为什么只有很少一部分人能拥有这种神奇的力量？很简单，因为大部分人缺乏自信心，外加没有很特别的欲望。任何一种东西，你只要渴望得到它，而且其需要符合情理，你的欲望还非常热烈，那么叫做"专心"的力量就会协助你实现你的愿望。

假设你想成为一个作家，或是商界主管，或是杰出的演说家，或是能力高超的金融家。那么你除了睡觉前后给自己必要的时间外，时时刻刻把你所有的思想都在你设定的那个目标上，并做好计划，你就有很大的可能将它实现。

在你专心集中你所有意志的时候，要时刻想象一下实现目标后的状态。专注于这些想象多了，你就会更加有强烈的信心和勇气去付诸行动，美梦自然就会成真。当然这里的想象并不是指整天想这想那，异想天开地胡乱想象，而是憧憬美好愿望的想象。

有位禅师叫妙贵，总是喜欢四处云游。一次外出，在一条小河边遇到一位喜好抽烟的人。同是赶路人，能遇见也是一种缘分，在河边坐下来休憩的时候，抽烟人给妙贵禅师递了一只烟，两人边抽烟，边聊天，很是开心。临近分别的时候，那个人送妙贵一袋烟。妙贵想："这个东西会让人感到很舒服，这样必定会干扰到我禅定，时间久了我要想改这个习惯，估计就不会那么容易了。"于是婉言拒收了那个喜好抽烟人的馈赠。

几年后，妙贵禅师又迷上了《易经》。那时候正是秋季，天气日渐变冷，于是妙贵给自己的师父写信，让师父给自己寄几件厚衣服。结果冬天都快过去了，师父也没有把厚衣服给妙贵寄过来。于是妙贵就用自己学的易经占卜了一卦，卦象说，师父并没有收到那封信。他又想："易经真是很准确呀，这个都能算出来，但如果我凡事都沉迷卜卦，那么以后该如何参禅呢？"于是妙贵将《易经》收起，再也没有碰过。

再后来，妙贵又迷上了书法，整天钻研，还有所小成就，几位书法家也对他的书法赞不绝口。正在他高兴之余，他转念想："这可不是我的正道啊，再这样继续下去，我就是书法家不是禅师了。"于是，他又放弃了书法，从此一心参悟，最终成了一代禅宗大师。

这个充满诱惑的社会，有时真的会让我们无法割舍，于是世上就出现了伟人与庸人。伟人的伟大之处，就在于他们能有足够的勇气来舍弃与自己的追求无关的东西。

年幼的孔子曾经有位邻居是技艺精湛的老石匠，一块普通的岩石在他的刻凿下，都会便成千姿百态、栩栩如生的花鸟石刻。

一天，孔子见邻居又在刻凿，走进一看在刻凿石铭碑。于是孔子叹息道："有人淡如云影来去无痕，有人却让自己活进了碑石，活进了史册，这样的人真是不虚此生啊！”

邻居老石匠听孔子这么一说就停下锤，反问孔子："那你是想一生虚如云影呢，还是字铭进碑石呢？"

孔子感叹道："我一介草木之人，要把自己刻到代代人的心中，那不是异想天开吗？"邻居老石匠听了，摇头说："其实这个并不是什么难事啊。"他对着一块坚硬的岩石说："石坯变石铭碑，就需要雕凿它。"

邻居老石匠说完，就又开始了自己的凿刻。不一会儿，一个很好看的图案就成形了，于是老石匠接着说："这个图案想让它在风雨中不那么容易磨平，那就需要凿得更深一些，剔掉更多的石屑。那些不必要的石屑剔干净了，才能成为好的石碑铭。"

生活中，能很好地做一件事不是那么容易，有的人看上去整天忙忙碌碌，当你问他忙什么时，他自己都不清楚自己在忙什么。因此，要想有所成就，计定好自己目标的同时，要剔掉那些不必要的"石屑"。"精诚所至，金石为开"，目标一定就在不远处。

04

放下虚妄，
轻松自在

有人说："人比人，气死人。"其实，对于浩瀚的宇宙来说，地球也只不过是一粒沙尘，对于地球来说，一个人渺小如尘埃，一个人又能比另一个人高出多少呢？大鹏鸟纵然轻轻展翅就能飞出几千几百里，但也和只能飞几丈远的小麻雀一样，飞不过生死大海。在一个真正的禅者眼中，众生都是平等的，没有高低贵贱之分，没有亲疏远近之别，所以也就无所谓输赢，只要踏踏实实走完自己脚下的路就可以了。

事无大小，每一件都值得用心和坚持

有位禅师德高望重，身边有一大群虔诚的徒弟。

天气日渐转冷，禅师怕冬日的柴火不好找，于是在一个风和日丽的下午，让弟子们上山砍柴，以便他日取暖用。结果徒弟们快到山下时，遇上洪水飞泻而下，阻住了上山的路。无奈徒弟们一个个垂头丧气地空手而归，只有一个小沙弥带了一堆野果回来。禅师问起缘故时，小沙弥说："砍柴肯定是不行的了，那么大的洪水，凭谁也是过不去的，在我们返回的路上，路边有小野果，于是我就摘了一些回来。"

再后来，禅师圆寂之后小沙弥成了他的衣钵传人。

成功之路就是从小作为开始累积起来的。人生一世，总要干点什么，即使没有大作为，也要有些小成就。否则，不是荒度了一生。

有一位销售人员叫阿特，他在美国一家标准石油公司任职。他每次外出住宿登记的时候，总会在自己签名的下方，再写"每桶四美元的标准石油"几个字，这个习惯，在平日里也是一样，凡事需要他署名的，他都会在他的名字下方加上那几个字。后来慢慢的，他的同事都知道这事，就给他起了"每桶四美元"这个外号。以至于后来，有好多人不知道他的真实姓名，都称呼他为"每桶四美元"。日子久了，公司上层的领导都知道了这件事，董事长觉得这个职员很是尽责，时刻都在为公司做广告。于是约他共进晚餐。

再后来，阿特成了董事长之后的下一任董事长。

名字下面多写几个字，看上去这是一件很简单的事，但都没有人去做，只有阿特一个人做了，而且做了很久。比他有才华的人大有人在，但到最后，董事长把位置留给了他。

常日里，我们会遇到一些有远大抱负、一心想做大事的人，往往他们对一些小事嗤之以鼻，不屑一顾。殊不知，连小事情都做不好的人，大事怎能做好呢？

美国质量管理专家菲利普·克劳斯比说："一个由数以百万计的个人行动所构成的公司经不起其中1%或2%的行动偏离正轨。"世界文豪伏尔泰说："使人疲惫的不是远方的高山，而是你鞋里的一粒沙子。大事是由一个一个的小环节组合而成的，没有做小事的积累，就不可能有大事的成功。"据调查，世界一流企业的优秀员工，他们有个共同特点，就是凡事都从小事做起，并能把它们做好。

大量成功和失败的企业案例都可以证明这一点：生活中我们不缺乏雄才伟略的战略家，缺少的是精益求精的实施者。芸芸众生中能做大事的之所以少，原因就在于大多数的人在多数情况下只能做一些具体的事、单调的事，或者对许多平淡的事不屑一顾，往往就是这部分缺乏的东西，与成就大事失之交臂。正如古人言："千里之行，始于足下；九层之台，起于垒土"，而"不积跬步，无以至千里；不积小流，无以成江海"。

能做成大事的人，并不一定要干一件惊天动地的事才叫成功。想具备成功者必备的品质，那就从小事做起，坚定不移地做下去，让做小事成为自己的一个习惯。上面例子中，美国标准石油公司里阿特就是一个很好的典范。

德国人有着严格的法律意识，尤其是对程序法律意识确实是值得我们赞叹的。曾经有人做过这样一个实验：在一条繁华的街上，找了两个相邻的电话亭，分别在这两个电话亭上贴了"男"、"女"的字样，然后开始实验。结果是，十个人中，有七八个德国男性在贴有"男"字的电话亭外排队打电话，而贴有"女"字的电话亭却空着。这时有人就会说德国人真是傻子，电话亭又不是厕所，有什么理由可以分男女的，殊不知，正是由于德国人对法律有着这样严格的规则意识，使德国成为一个世界公认的法制相当完善、发达的国家。那些在"男"亭排队打电话的人看来，即使他们不了解分开男女的用意，也要先去遵守这个规则，即便是怀疑它的合理性，那也是事后的事，但首先要遵守。

"没有卑微的工作、只有卑微的态度"。每个人都听说过，但又有几人可以做到呢？我们都知道，我们所做的每一件事，都与他人的利益相关的，每一件事算不上是小事。认识到这一点，我们就以高度的责任心认真地去完成我们的每项工作任务吧。

海尔总裁张瑞敏先生说："把每一件简单的事做好就是不简单；把每一件平凡的事做好就是不平凡。"在工作中有多少人能坚持这种工作态度？往往是因为他们有只要"差不多"就行了的态度，马马虎虎对待自己的工作，导致生产线上次品繁多。有多少重大事故正是发生在这些"小事"上。如果大家都能从小事做起，认真做好每一件，那么又有多重大的事故可以避免。

许许多多的小事，好多人都看不上眼。不知道如何去做，更不会懂得一个人成功的必然性与这些小事有多少关系。因此，成功的人少，平庸的人多。要想让成功变成一种所谓的偶然，就把身边的小事做好，并坚持下去。

绕道而行不如正面对待困难

俗话说："吃尽苦中苦，方为人上人！世上无难事，只要肯攀登！"一个人要想登上成功之巅，除了要不断地努力，更要有坚韧不拔的意志和坚定的信心。

人生之路，每个人都是一个赶路者。没有谁的路生来就平坦。不仅泥泞崎岖，还坎坷荆棘密布。前行路谁都不知道是平坦还是弯曲。此时的你千万不要埋怨上天的不公和苛刻。沮丧只能使你前行的路更加放慢，满目愁容则是悲伤的序曲，你若总是盯着生活中这些苦楚，你迟早会被困难吓倒。学着坚强，拭去脸上的泪水吧！化这些不易为动力，去开拓自己想要走的路吧！

鲜花劲草、诗情画意从来不属于不劳而获的人。

我们来看看下面的故事。

一个老和尚在凛冽的寒风中把自己脱得一丝不挂，顶着衣服一步步走下水渡河，岸边钓鱼的人看见了就喊老和尚："师父呀，上游有桥可以渡河。"老和尚说："我知道。"没有停留继续向前走。然后钓鱼的人就又喊道："师父呀，下游有渡也可以过河。"老和尚还是头也不回地说："这个我也知道。"后来没过多久，老和尚顺利渡河。

在这个渡河的老和尚之前和之后，有无数的人也要渡河，但都询问钓鱼人后得知"上游十里有桥，下游十里有渡"。于是不同的人做了不同的决定。

有的人一听就立即离开了河边，或上或下绕道而去。也有的人嫌路远，没上也没下，也像老和尚一样脱了鞋，一步一步地走进水里渡河。当冰冷的河水没过膝盖时，那人最终还是停住了，然后掉头又一步步地回到岸上，穿好鞋子向河的上游绕道而去。

生命真的很短暂，经不起那么多的消耗。像那些渡河之人，有的人绕道十次、二十次甚至百次、千次以后，才发现自己绕道了，但往往那会儿自己也老了。有时绕道而行不如正面对待困难，人生短短几十年的光阴，有多少时光可以让你在如此绕来绕去中消耗殆尽呢。

人这一生，短短几十年，一眨眼就是一个十年。因此，请珍爱时间，我们的生命容不得我们随便去挥霍，人生旅途中，只有不断克服每个困难，我们的价值才能体现出更多。

$$\Bigg[\ \text{最大的战胜不是将对手打败,}\\ \ \text{而是能与对手成为朋友}\ \Bigg]$$

美国一家公司曾向美国联邦法院提起诉讼,指控微软公司违反"反垄断法",并要求其赔偿10亿美元。但就在官司进行中,该公司首席执行官致电比尔·盖茨,希望得到微软的技术支持,只有微软的技术才能使他们的音乐文件在网络和便携设备上播放。所有的人都认为比尔·盖茨不会答应他,哪想,比尔·盖茨对他的提议表示出奇的感兴趣,并表示愿意合作。谁都知道20世纪80年代,微软和苹果两大公司相互敌视,为争夺个人计算机这一新兴市场的控制权,约伯斯和比尔·盖茨闹得不可开交。一直到20世纪90年代中期,微软占据了领先优势,约90%的市场份额都归微软,然而让人想不到的是,1997年,微软投资1.5亿美元给苹果公司,把苹果公司从倒闭的边缘拉了回来。2000年,微软为苹果推出Office2001。自此,微软与苹果真正实现了双赢,两公司的合作伙伴关系进入了一个新时代。

世界首富比尔·盖茨成功的因素很多,对商机的把握、具有天赋的设计能力。其实致使他真正成功的还远不止这些,还有一个很重要的因素就是他对待对手所采取的态度。站到对手的身边去,把对手变成自己的朋友。这是比尔·盖茨面对对手的明智选择。

有一个人想斗鸡,但又不会养,觉得自己养不好,于是就托一位智者帮他养鸡。刚刚养了10天,这个人就不耐烦地来问:"养好了吗?"智者回答:

"还没好，这些鸡现在还很骄傲，自大得不得了，这怎么能上场比赛呢？必然要输掉的。"

那人听后觉得有道理，就走了。

过了10天，那人又来问，智者说："还不行，这些鸡现在一听到声音，或者一看到人影晃动，就惊动，没有一点沉着的意思。这怎么能比赛啊！"

10天又过去了，这个人又来了，智者告诉他还是不行。说："目光犀利，盛气凌人。"

又过了10天后，这人已经对这些鸡不抱任何希望了，就在这时智者却说："这些鸡可以参加比赛了。虽然有时还会鸣叫，但它们不会惊慌了，看上去有点像木头鸡，但精神上完全准备好了。其他鸡只要看见它们都落荒而逃呢。"

像木鸡不是真呆，只是表面看着呆，实则斗力十足，是应战的最好选择啊。活蹦乱跳，骄态毕露的鸡，一定不是最厉害的鸡。目光凝聚，貌似木头的鸡，才是真正的"斗士"。

1754年，华盛顿还是一名血气方刚的上校军官。那年弗吉尼亚州的议员选举战正打得"硝烟弥漫"，华盛顿也很狂热地投入了进去，为他所支持的候选人助威。有个叫威廉·佩恩的人，与华盛顿正好唱反调，于是到处发表演讲，批评华盛顿支持的候选人，对此，华盛顿很是生气。不是冤家不聚头，某日两人碰面，于是一场激烈的唇枪舌剑上演。华盛顿是军人出身，正值血气方刚之际，对佩恩毫不客气。顿时佩恩火冒三丈，冲上去就给了华盛顿一拳，并将他击倒在地。华盛顿手下怎么可能允许这种情况，立马围了过来，准备教训佩恩，而华盛顿正是因为佩恩的当胸一拳开始清醒。忍痛站起来，命令自己的部下退下，并带他的部下返回了营地。一场冲突就这么过去了。

第二天，华盛顿又写了一张便条给佩恩，约他在一家酒馆见面，目的也写得很清楚，为解决昨天发生的事。

佩恩看了便条很是吃惊。在他看来，作为军人的华盛顿，解决矛盾肯定会用武力。佩恩很紧张，但也不想让人觉得自己是胆小鬼，做好决斗准备后，便去了酒馆赴约。

佩恩赶到酒馆就看见华盛顿西装革履坐在那里等待他的到来，而且没带一兵一卒，甚至长剑和手枪都没有佩戴，反而一副绅士派头。见佩恩进来，很客气地站立并点头微笑，佩恩走进后，华盛顿主动伸手与佩恩握手，并语气很真诚地对佩恩说："佩恩先生，我是凡人，不是上帝，难免会有冲动的时候，对于昨天的事，我表示道歉，我不该对你说那些侮辱性的话。如果你能感到我的诚心，就请原谅我吧，我们碰杯握手，做个朋友好吗？"

佩恩霎间感动不已，与华盛顿紧紧地握了握手，满怀激情地说："华盛顿先生，你真是个高尚的人。从今以后我将永久是你的追随者和崇拜者。"

就这样两个人做了朋友。后来华盛顿果然成就了一番大事业，成了美国人民世代崇敬的伟人。佩恩也没有食言，至死都是华盛顿忠实的追随者和崇拜者。

最大的战胜不是将对手打败，而是能与对手成为朋友。成功是一时的，尤其对于那些狐假虎威、不可一世的人来讲。相反那些只有懂得以柔克刚的人获得成功才是永久的。

不论什么困难，
都有解决的办法

　　大师在欧美购屋建寺是件相当困难的事情，经常会是找了一年半载都徒劳无获的。现如今的巴黎道场原是一座废弃的仓库，几经周折，才有好心的居士找到。目前西来大学的校址，也是颇费几番周折后才得到。所以岛外开山的艰辛，不是一般能想象出来的艰难。好在，佛教信徒的弟子们大多都具有顽强的毅力，才使得弘法利生的工作不致中断。

　　想当年，即1978年在洛杉矶建西来寺的时候，美国政府抱有很迟疑的态度，加上度轮法师暗中诬告，使得申请建寺的过程更加艰辛，好在慈庄、依航两位僧者以顽强的毅力天天冒着寒风一家家拜访，后经6次公听会、100余次协调会，最后连基督教徒和天主教徒都表明"佛教是正派的宗教"，美国政府才最终核准建寺。

　　星云大师刚到信奉天主教的菲律宾时，正逢兵变、地震、风灾、水涝等天灾人祸，即使这样，也没有动摇他的目标，坚持天天都到菜市场，去人多的地方去度化信徒，时间久了好多贫穷人家孩子因此得到如沐春风的教育，当地的人对他感戴有加，天主教徒们也改变了对他的态度。1997年2月，他应岷仑洛教区副主教拉米瑞兹神父的邀请，率领佛光山马尼拉讲堂的僧信二众前往有400年悠久历史的王彬岷仑洛天主教堂，首度代表佛教祝祷菲国新年平安，社会安宁。

　　所谓"师资相承"、"克绍箕裘"，千百年来，佛教信徒们就在相继不断的接力当中完成许多宏伟的事业，也延续了圣教的长远命脉。像栖霞山的千佛岩是父、子、孙三代相继不断的成果；敦煌石刻则是从前秦时期沙门乐僔试凿开始，历时千余年所完成的伟绩，我们在追思惊叹之余，对于前贤"向困难挑战"的遗风，能不勤行效法？月霞法师创办华严大学，因出资者罗迦陵女士坚持学生（里面包括出家人）向她拜年，立即将大学由上海搬到杭州，在一般人看来，礼拜一下很容易，易址迁校却非常困难，但月霞法师为维护佛制，不惜一切，"向困难挑战"。古德仁风，实令人不胜瞻仰！而佛教的教主释迦牟尼为上求菩提，下化众生，历经千生万死，累劫精进，终于成就佛道，广度有情，更说明了挑战困难所凭借者，并非自私斗狠的匹夫之勇，而是悲智兼具的大仁大勇。所以外在的困难并不可畏，它正是内在慈悲、智慧、信心、愿力、精神、志节最好的试金石。"向困难挑战"，其实是在向自己挑战，能一鼓作气，通过考验，我们的人生才能从突破创新中获得无限的意义。

富楼那有着"说法第一"的美名。因为他热心弘扬佛法，口才又很好，经常在和别人辩论时，常常令对方心悦诚服。

富楼那听说输卢那国是没有文化的国家，于是他请求佛陀允许他去那里布教。

佛陀说："富楼那，你的热心我明白，也很赞赏你的做法，但你要知道输卢那国是很偏僻的小国，那里交通不便，文化落后，民性暴戾，打骂成风，你一个外籍人，很容易丧命的，你要去这样的地方布教，难道你就不怕危险吗？"

富楼那说："佛陀！您的慈悲之心向来是那么广博，备受爱护的我很是感动。但是正因为输卢那国是一个边远野蛮国家，没有人去教化他们，所以我才觉得很有必要去传教。那边的危险随时会加之于我，但我是为了正法的宣扬，让更多的人能受教，比起这些我的个人安危又算得了什么呢？佛陀还是允许我去吧，我相信佛陀之光会庇护我。"

佛陀听后觉得富楼那说得很是在理，于是点点头对他说："你说得不错！做佛陀的比丘弟子，布教是最重要的修行之一，但你要清楚，那么野蛮的国家是不会一时半会儿就能接受你的传教的，也许他们会辱骂你，用武器攻打你，甚至取了你性命，到时该如何是好？"

富楼那接着说："如果真要像佛陀说的那样，我会宽恕他们，起码在我还没有被他们取走性命前，我会觉得他们好，因为他们只是用棍棒敲打我，并没有取走的我性命，说明他们还是有人性，倘若他们真的把我刺死了，那就更应该感激他们了，他们虽然杀害了我的色身，但却从另一个方面帮助我的道业，助我进入涅槃，使我为佛法以性命报答了佛陀的恩惠啊，这对我来这并没有什么，唯一遗憾的是对他们并没有任何的好处。"

佛陀听后立即给予富楼那赞美说道："富楼那，你修道、传教、容忍的精神，可谓是佛教信徒中的模范啊。"

凡事有因果，富楼那在输卢那国弘法，进行得十分顺利，有很多人都皈依了佛教。

在这个世界上，没有比脚更长的路，也没有比人更高的山。因此只要有足够的勇气和坚忍的精神，不论什么困难，都有解决的办法。富楼那之所以被佛陀称为佛教信徒的典范，就是因为他有足够的勇气和坚忍的精神这两种常人没有的优秀品质。

想要什么生活，
就要用什么姿态对待生活

　　生活就像是一面镜子，反映着一切真实现象。不管你做什么，哪怕别人看不到，生活也会真实地反映。从小爸爸就教育我们："你付出多少，生活就回报你多少。"这是个道理。你有没有发现这样一个小规律，当你不开心时，你会发现周围的一切都不像以往那样美好，太阳光也不再温暖，反而很刺眼，鸟儿的歌声不在动听，反而变得很吵闹；但当你开心的时候，原本夹带着腥味的海风闻起来也觉得很清新，闹事的嘈杂也觉得万分的热闹……所以，保持一颗愉悦的心吧，愉快地对待生活，生活也会跟着变得快乐起来。当你天天面带微笑的时候，一切烦恼也就会慢慢地消散而去。要快乐，首先自己灿烂，周围的环境也就跟着明亮起来，然后再看看自己身边的人，你会发现每个人都是面带微笑的，没有丝毫和自己过不去的意思。你微笑着面对生活，生活也就微笑着面对你，就像镜子里的自己和镜子外的自己，想要什么样的生活，就要用什么姿态对待生活。其实笑是一种快乐的态度。关键在于笑过之后仍然留在脸上的那一抹微笑，那是周边的人都能看到的。只有真心又开心地生活，你的日子就会越来越幸福。

　　佛陀在外游走的一段时间，因为要在一个地方待一段时间，所以他找了一个树林，就在树林里用树枝搭建了一个小茅棚，和一只小床。

　　一日，一个放羊公看到佛陀正躺在树木上冥思苦想，于是走过去打了个招呼，然后坐到佛陀身边，说道："这位师父，你这是在做什么？看你神智发呆，又住在这么破的小屋里，你是不是很苦恼啊？"

佛陀回答说："这位施主，不是您说的那样，我像那些愉快生活的人们一样，我很快乐。"

"可是师父，你看这寒冷的冬夜，就要到来了，树枝搭成的床又是如此简陋，你的袈裟又是那么单薄怎能御寒呢。您为什么非要待在这儿呢？"放羊公很是同情这个上了年纪的佛陀。

但佛陀还是微笑着说："这位施主，不是您说的那样，我像那些愉快生活的人们一样，我很快乐。"

其实每个人的苦恼不同，每个人的快乐也不同，在别人的眼里看似凄凉、痛苦，殊不知人家反而乐在其中呢。

美国有个地方叫底特律，那里有个很特殊的鱼市场，有导游曾经这么向游客介绍："在那里买鱼是一种享受。"为此有好多人都觉得好奇，想去看看那里的鱼市场到底有多特殊。

在一个天气不是很好的下午，鱼市场上到处飘散着鱼腥味很是刺鼻，但伴随着这些气味的还有鱼贩子欢快的笑声。他们个个面带笑容，像合作无间的棒球运动员，那些冰冻的鱼就像棒球一样，在鱼贩子中间飞来飞去，他们互相唱着："啊，5条鳕鱼飞往明尼苏达去了。""8只螃蟹飞到堪萨斯了。"这里充满着和谐，充满着欢声笑语。

有人问当地的鱼贩："你们的工作环境是如此的辛劳，为什么还能保持愉快的心情呢？"

他们说："其实在几年前这个鱼市场也是一个没有生气的市场，大家整天抱怨生意不好。后来，有人认为与其天天抱怨，不如乐观对待，从此，我们不再抱怨工作环境的恶劣，而是把卖鱼当成快乐的游戏。再后来，一个感染另一个，慢慢的笑声总在不断地传送。没想到就是这样，我们的鱼市市场生意变得很是火爆。"

他们还说："我们的这种工作气氛还影响了附近的上班族，他们常到我们这儿来和鱼贩用餐，用我们的快乐调整他们的工作心情。我们现在已经习惯了为这些不顺心、不开心的人排疑解难了。"

在平日里，这些鱼贩子还会邀请顾客们参加他们的接鱼游戏。来到这里买鱼的人，即使嫌鱼腥味的人，也很乐意在充满热情的氛围中参加他们的活动。每一个愁眉苦脸的人进了这个鱼市场，都立刻变得笑逐颜开。除了购买到自己需要的海鲜外，还有欢乐。

不管你开心还是失落，太阳照常升起，照常落下。开心也是一天，郁闷也是一天，为什么不去尝试着开心面对每一天呢？当你真正理解了生活，理解了生命，你就会发现自己已经乐在其中了。

把握好眼前的开心，愉悦地度过每一天

不同的人对待事物的态度也就不同，比如，同样是一串葡萄，有一种人拿到后会先挑最好的吃；另外一种人则是把最好的放在最后吃。其实这两种人都不会感到快乐：先吃最好的那一类人只有回忆，他常用以前的东西来衡量现在。因此，他以为他的每一颗葡萄越来越差，所以不快乐；第二种人他认为每吃一颗，都是吃剩下的葡萄中最坏的，同样也不快乐。

其实换个角度讲，就会是另一种情形，我已经吃到了最好的葡萄，还有什么好后悔的？我留下的葡萄和以前的相比，都是最好的，为什么不能开心呢？因此我们可以得出这样的结论：快乐和痛苦都取决于你的心态。

邻居是一位退休干部，姓陈，是个文物迷。这么多年来省吃俭用，攒下的那些钱，大部分都用在收藏上了。一日早晨，老陈骑自行车去文物店买了一个宋朝瓷瓶，放后座架上，途中地面不平坦，一颠一簸的瓷瓶就掉在地上摔碎了。路上的行人见了高声喊老陈，老陈却像没听到一样，头也不回继续蹬车。到家后，有人听说他的宋朝瓷瓶在回来的路上摔碎了，问他为什么不下车看看打碎的瓷瓶。老陈爽朗地笑笑说："瓷瓶都摔碎了，看又怎么样？看了碎了的瓶子要能复合，我肯定下车的，既然明知道不可能复合，看了心情会变得不好。与其让自己心情不好，那还看什么？"被摔碎的瓷瓶价格不菲，是老陈几年的积蓄，而老陈却能做到及时遗忘，拿得起放得下，这是何等萧洒的襟怀啊！

世上有两种人，一种是对已经发生的事衰叹抱怨，说一些徒劳无益的话。另一种人是为还没有发生的事患得患失。世上永远都不会有后悔药可寻。

美国有位作家叫雷特，年轻时曾因失业而穷困潦倒。一天外出时，在12号街口碰到了自己的好朋友里宾，于是里宾约他到自己的公寓做客，但里宾的公寓离这里有将近50多条街，但里宾却告诉雷特只有5个街口。两人边走边聊，聊得很开心，50多条街口的路程并没有让雷特感到疲劳。到了里宾的公寓。里宾告诉雷特，他们其实走了50多个街口。雷特好奇地问道："真的吗？我怎么没有觉得有那么远呢？"里宾笑盈盈地对雷特说："这是真的，其实生活就像走路一样，不管你和你预定的目标之间到底有多远，都不要担心。不要把自己的精神和注意力常常集中在那5个街口的短短距离上，不要让那遥远的未来使你感到遥远。要学会用身边有趣的事逗自己开心，以达到不断追求自己而不断努力的精神。

覆水难收的道理谁都懂得，融入水中的水是再也取不回来了，被打翻在地的牛奶也无法再取回。只要明白这个道理，我们就不应该为打翻的牛奶而忧伤哭泣；沧海变桑田，一切都变幻莫测，无法把握变幻莫测未来的我们，与其杞人忧天地担心未来，不如全神贯注于眼前的事情。

倘若你总是为过去而焦虑，那么你的思想包袱就会越发沉重；不要总是担心未来的生活会怎样。快乐就在眼前，把握好现在拥有的，珍惜每时每刻，你的未来也差不到哪里去。幸福与快乐是一对好朋友。我们天天都带着快乐的心去做事，幸福的生活就会在我们身边。我们拥抱快乐，幸福就与我们手牵手。

有一位小国王，很是富有。这里的人民都十分信仰佛教，他们坚信今生此世的荣华富贵都是他们前世布施、造福的结果，所以他们待人都非常热情，尤其是这里的国王。

一日晚上，国王梦到有好多人都在找水源，都焦渴万分。国王醒来后仔细琢磨这个梦，他想水是财的意思，那么多人找水，肯定是有许多人需要钱财。于是他下令启开珍宝库藏，限定7天的时间，不管大家的远近，不分种族，只要来到这儿，一定有求必应。国王还把珍宝分成一堆一堆的，每堆都很大，只要是来求助的人，国王就给他一堆。这些财物虽然有不少的人来拿，但最后还是剩下很多。

一日有个人来到这里。国王见到他很开心地说："你有什么困难就尽管说吧，我一定会满足你的所有需求。"

这个人说："我得知这里施舍财物，我需要一些财物所以我就来了。"

国王说："好，那你就拿走一堆吧！"

于是这个人捧着一堆珍宝就走，刚走了几步，又转身回头把珍宝放回了原处。

国王就问："为什么拿回来了呢？"

这个人说："我来之前只是想着拿一些钱财解决一日三餐的温饱问题就可以了，可是当我现在得到这么多钱财时，我就想着，温饱问题解决了，但还要过以前流浪的生活，心里立马没有了安全感，所以还希望能有一栋属于自己的房子。"

国王听了觉得比较有道理，就说："那你就再拿一堆！"

于是他就又拿了一堆，走了几步又回头把钱财放回了原处。

国王疑惑地再问："又怎么了？"

这个人回答："我想我拿了这么多钱财回去后，把所有的钱财都花在盖房子上了，有了房子我就想要娶妻，这些钱肯定是不够的呀！"

国王想想说："那好吧！你就再拿一堆去，这样肯定够你娶妻盖房子了。"

这个人于是又得到一堆钱财，回过身便走。走了几步，又回头把东西放回了原处。国王很讶异地说："你这个人真是奇怪，三堆钱财了难道还不够吗？"

这个人沉着冷静地说："我刚算了算是真的不够啊，想想有了房子，房子还需要装修得漂亮一点，然后娶妻生子，我还需要请一些奴婢来侍奉妻儿，这样算起来肯定是不够的！"

国王面对这样的人，依旧很大度，于是说："那你就再拿几堆去吧！"这个人就真的又拿了几堆钱财离去，可是又走了一段路，返回来把东西原封不动地又放了回去。

国王微怒道："你真是一个怪人，我都给你那么多钱财了，足够你盖房娶妻生儿育女，甚至够你请奴婢了，你还是那么不满足。"

这个人叹道："不是我不满足啊，是我怎么计算，总会觉得不够，即使房子盖了，老婆娶了，孩子生了，奴婢也有了，可是还要吃饭啊，妻儿要照顾啊，奴婢要付工钱啊，孩子长大也要娶媳呀！唉！人生一世是一个不断追求的过程怎么可能做完呢？再加上人生无常，其实我现在这种朴实自在的日子也挺好的，没有精神的负担也没家室的拖累，一个人吃饱全家不饿，一个人清清静静了此一生，也挺好的。我觉得我最理想的生活状态就是像现在这样。

国王听了这个人的话，觉得很有感悟。

有的人总是喜欢把明天的烦恼带到今天来承受。殊不知，明天的烦恼也不比今天少几分。总是这么满面愁容，顾虑很多。终日得不到开心。因此，你若是聪明的人就把握好眼前的开心，愉悦地度过每一天吧！

从不止步向前，终究会弩马夺标

大器晚成；大音希声；大象无形；道隐无名。夫唯道，善贷且成。解读清黄元吉《道德经注释》说："凡物之易就者不美观，急成者非大器。我能循循上造，弗期近效，不计浅功，久于其道，自可大成，又何歉于己乎？"西汉严遵《道德真经指归》说："大器晚成，无所不有。变于无形，化于无朕，动而无声，为而无体。威德不可见，功业不可视。祸息于冥冥，福生于窅窅。寂泊而然，是谓至巧。万物生之，莫知所以。勉勉而成，故能长久。"

以上所有的"晚"不是指年龄。八十岁的姜子牙当了宰相，算不算是大器晚成呢？甘罗十二岁当外交官，也未尝不是大器晚成。"晚"是指时间。准确一些说，是指刻苦努力的时间。不管是哪个年龄段，只要为成功付出了相当多的努力，就有可望拥抱成功；但切记要将成功的希望之光放在一个长期的时段，然后努力去做、认真去做，不可急于求成。

真正的成功者可不是急于求成的人，西门吹雪学剑，仅练习拔剑就学了一万多次。终成了绝世高手。这虽说是武侠小说中杜撰的故事。但故事也是源于生活的，其目的就是为了能起到教育意义不是吗？成功是要靠一点点的积累，一点点去悟。就像美国著名的专栏作家查理·库金先生所说："成就伟业的机会并不像急流般的尼亚加拉瀑布那样倾泻而下，而是缓慢的一点一滴。"凡事都需要我们一步一个脚印的踏实的去做，努力地去做，愿望才能得以实现。

方向正确永远比跑得快重要，成功的人都明白这个道理。

麦当劳当初在准备投资中国市场前，足足用了3年的时间来做市场调查；日本松下的总裁松下幸之助提出："自来水经营哲学。"追求商品优质低价，以达到人人买得起的程度。决定赚钱快慢的关键因素是销售数量而不是利润率。有这样经营理念的松下幸之助被人称为"经营之神"。现实生活就是这样，就像你驾驶一辆无照的汽车，连北京城都进不了；但你骑一辆破旧的自行车，却有可能周游世界。快与慢的结果，不是单由速度决定的。失败的原因往往也不是因为对手太快，而是自己太慢或停滞不前。因此，在通往成功的道路上，我们要保持"匀速直线运动"的方式前行，相信即使是步行也会比飞行更快到达成功的彼岸。

我们不求速度，不求数量，持之以恒认认真真地把身边的事一一做好，那我们有理由相信，我们一定会比别人更快地获得成功的人生。要清楚，成功是没有捷径的，唯一的捷径便是如此。

上善若水。水善利万物而不争，处众人之所恶，故几于道。居善地，心善渊，与善仁，言善信，政善治，事善能，动善时。夫唯不争，故无尤。解读宋王安石《老子注》说："水之性善利万物，万物因水而生。然水之性至柔至弱，故曰不争。众人好高而恶卑，而水处众人之所恶也。"元吴澄《道德真经注》说："上善，谓第一等至极之善，有道者之善也……盖水之善，以其灌溉浇灌，有利万物之功，而不争处高洁，乃处众人所恶卑污之地。"

一座寺庙门前，鲜花朵朵，很是让人心情好。但据说这原来是一片荒地，什么都不长，年年都那么荒着。也没有人管，谁也不会想它有什么用，更不相信它还能成为现在这般景象。

有位双目失明的人，听说寺庙门前有这么一块荒地，在寺里僧人诵读经书时，他却摸着锄头开垦门前的荒地，然后播下一粒粒花种。

日子一天天过去了，这个双目失明的人，只要有空就去打理这块荒地，有好多人都觉得他不仅眼睛瞎，还很傻，甚至有人讥讽说："就是因为看不见，才不知道那个荒地能开垦出来嘛！"然而这个双目失明的人，就像聋子一般，根本不顾及那些人的说法，依旧坚持在地里撒播花种。

后来花种发了芽，长了茎，绿了叶。在一夜春风后，花蕾全部绽开，寺里的僧人纷纷出来观看。美丽的花朵，朵朵灿烂，就像双目失明人脸上的笑容一样。

世上有许许多多像上面故事中的荒地，表面上看起来一点都没有长出来的希望。其实只要用心去开垦，去播种，迟早会有所收获的一天。整天沉浸在世俗的眼光中，不努力去做，那你的成功永远都遥遥无期。

有个叫山姆的美国印第安纳州人，5岁丧父，14岁辍学，从此过上了流浪的生活。16岁那年迫于生计，他谎报了自己的年龄顺利参军，服役一年后，回地方开了个铁匠铺，没想到，没多久就关门大吉了。再后来他干过铁路上的机车司炉工，卖过保险，卖过轮胎，经营过渡船，开过加油站，等等，都失败了。眼睁睁就要到退休的年纪了。可他还是一无所有。茕茕孑立的孤独老人一个。每月只靠政府支付的105美元的退休金支票勉强度日。

每每拿到这105美元的退休金，他就很伤感，觉得生活是如此的不公平，命运之神也从来不光顾他。一日在他伤感之后，吐出了内心所有的郁闷，振作起来用105美元做本钱，做了一件扬名世界的大事，就是现如今遍布世界的肯德基快餐店。

笑到最后才是真正的成功。人与人总是不同的。有的人慧门开得早，成功就早一些光顾，也有大器晚成的。因此，做任何事都不要轻言放弃，什么时候都不晚的。如果像众人一样都选择了放弃，那就没有那片荒地变灿烂花丛的景致。莫扎特3岁就能弹奏古钢琴，能记住只听过一遍的乐段；鲍比·费希尔15岁就获得了"最年轻的国际象棋大师"称号；冰心19岁就发表《斯人独憔悴》小说，成为文坛新星；贝多芬24岁创作了著名的《英雄交响曲》。这是早熟早有成就的范例。牛顿45岁创作问世《自然哲学的数学原理》；玛格丽特·撒切尔53岁时成为英国第一任女首相；塞万提斯的《堂·吉诃德》出版时，他已时年58岁；还有王秀瑛75岁时，荣获第29届红十字会国际委员会南丁格尔奖章；大提琴家帕布罗·卡萨尔斯，88岁时照样举行音乐会。由此我们可以看出，成功是属于每个年龄段的，不要因为自己年龄大或小就放弃。那样成功的拥抱就会属于别人。

成功不在于年龄大小，不在于或早或晚，而在于你能够坚持，能够努力。那些智商很高，悟性很强的人，见困难就望而却步的人，总是亏欠上天赐予的聪慧。还有那些终日无所事事，贪图享乐的人，即使达到自己的目标了也是毫无意义的。而那些认为自己"笨愚"的人，为了弥补自己的不足，而不断努力的人，自强自立，从不止步向前，终究会驽马夺标。我们有理由相信，荒地是可以开出灿烂的花朵的。

能成大事者
一定要敢于站出来

　　有一个落魄之人跪在一尊高大的伟人雕像前整整一天，并不时地祈求。这时，一位四方讲学的智者来此游览，见此情景就走到他的身旁，悉心问道："你的虔诚令人敬佩，我是到这里讲学的智者，请问我可以帮你什么吗？"落魄之人听到激动地问："英明的智者，请你告诉我，我如何才能像雕塑的这位伟人一样成功呢？有他一半成功也行啊？"

　　智者听后说："伟人之所以伟大，是因为我们跪着。"

　　"什么？因为我们跪着？"

　　"是的，站起来吧，你也可以成为伟人，但首先你要站起来。"智者打了一个站立的手势。

　　"真的？"

　　"真的，与其执迷拜倒，不如勇于超越。"

　　崇拜乃至迷信偶像，就会失去自我，甚至泯灭做人的个性和尊严。只有站起来，你才会发现自身的价值。

　　爱因斯坦小的时候不爱学习，一有空就跟着一帮孩子四处玩耍，妈妈说了他很多次都没有用。这种情况一直持续到爱因斯坦16岁那年，直到他听到爸爸讲的一个故事。

　　一个深秋的上午，爱因斯坦拿着鱼竿正要到河边钓鱼，爸爸把他拦住，说：

"孩子，我给你讲个故事吧。"

爸爸对爱因斯坦说："昨天，我和你杰克叔叔去给一个工厂清扫烟囱，那烟囱又高又大，我们必须踩着烟囱里的钢筋爬梯上去。杰克叔叔在前，我在后，我们抓着扶手一阶一阶爬上去。下来时你杰克叔叔还是先下，我在后面。钻出烟囱之后，我们发现一个奇怪的情况：杰克叔叔身上蹭满了黑灰，而我身上竟然很干净。"

爸爸微笑着对儿子说："当时，我看到杰克叔叔的样子，心想自己一定和他一样脏，于是就跑到旁边的河里使劲洗。可是杰克叔叔呢，正好相反，他看见我身上干干净净的，还以为自己和我一样，于是就随便洗了洗手，回家去了。走在路上，街上的人见杰克叔叔浑身黑糊糊的，头上也是烟灰，还以为他是一个疯子，望着他就哈哈大笑。"

爱因斯坦听完也忍不住大笑起来，父亲等他笑完，郑重地说："孩子，真的，别人是无法做你的镜子，只有你自己才能照出自己的真实面目。如果总是拿别人去做镜子，白痴或许也会认为自己是个天才呢。"

爱因斯坦听后，惭愧地低下了头。

从那以后，爱因斯坦再也不去找那群顽皮的伙伴了。在他以后的人生道路上，他时刻反省自己，最终成为人类历史上最伟大的物理学家。

总喜欢把别人当参照物的人，别人怎样他就觉得自己就应该怎样，和别人不同似乎就觉得做错了，丝毫没有自己的性格和主见。其实，真正能成大事的人一定要敢于站出来，表明自己的想法，做自己想做的事，否则一辈子你只能是个庸人。

积极行动，努力开拓自己的事业

一个信徒在屋檐下避雨，突然看到一位禅师正好撑伞路过，于是就喊道："师父，佛法讲求普度众生，可否度我一程？"

禅师答道："我在雨中，你在檐下；我这里有雨，你那儿却无雨，为何要我度你呢？"

信徒听后马上走出屋檐，站在雨中道："我现在也在雨中，你可以度我了吧？"

禅师答道："我在雨中，你也在雨中，我没淋雨是因我撑伞，而你淋雨是因你没有伞。简单地说，你要的不是我度你，而是伞度你。如果要度，无须找我，请找伞吧！"

信徒浑身湿个尽透，愤愤说道："不愿度我早说，何必绕这么一个大圈子，我看佛法讲的'普度众生'对你来说就是'专度自己'吧！"

禅师听后没有生气，反而笑答："想要不淋雨，就要自己带伞。悟道之人是不会寄托外人来解救自己的。雨天不带伞，只想别人带伞来帮助自己，此种想法最为害人。求度之人，总想依赖别人，自己却不努力，到头来必定什么也得不到的。"

人之本能生之既有，只不过有些人没有意识到，平时不努力寻找方法，只想依靠别人，不肯利用自己潜在之资源，把眼光只放在别人身上，这样怎么能取得成功呢？所以，成功者不是等机会的到来，而是自己努力去奋斗，去创造。只有努力创造机会的人，才能铸造自己的成功。

　　在美国，有一位年轻人，他的父亲是一名赌徒，母亲是一名酒鬼，从小他就在家庭暴力中成长，学业也一无所成。多年以后他长大成人，很自然地成了街头的小混混，由于没有固定收入，他时常穷困潦倒，身上的钱全部加起来也不够买一件像样的衣服。直到他20岁的时候，一件偶然的事情刺激了他，他下定决心走一条与父母完全不同的路，要活出个人样来。他想做演员，拍电影，当明星。"一定要成功"的坚定信念使他认为，这是他今生今世唯一可以出人头地的方式。

　　当时，好莱坞有500多家电影公司，他不止一遍地逐一数过，最后他带着自己写好的量身定做的剧本，按照自己排列好的名单顺序一一前去拜访。但很不幸，一遍下来这500多家电影公司没有一家愿意用他。

　　面对所有的拒绝，年轻人没有灰心，他相信每一次拒绝都是一次锻炼，一次进步。从最后一家电影公司出来之后，他从第一家开始又进行第二轮拜访与自我推荐。

　　结果很让人失望，第二轮的拜访中500多家电影公司依然把他拒之门外。

　　第三轮拜访，结果与前两次相同。这位年轻人咬牙，不信自己不能成功，于是又开始了他的第四轮拜访。当拜访到第350家电影公司的时候，他们的老板破天荒地答应愿意让他把剧本先留下来看一看。

　　几天后，电影公司请他前去详谈，也就是这次商谈，使这家公司觉得这是一部好作品，而这位年轻人是个有潜力的演员，于是决定投资开拍这部电影，并请这位年轻人担任剧本中的男主角。为了那一刻，这位年轻人已经做了充足的准备。得到这个机会，他完全有信心做好一切。为了这次来之不易的机会，他全力拼搏，全身心地投入拍摄。

　　这部电影的名字叫做《洛奇》，这位年轻人叫席维斯·史泰龙。翻开现在的电影史，这部叫《洛奇》的电影与这位后来红遍全球的巨星皆榜上有名。

　　哥伦布医生，史泰龙的健身教练是这样评价他的："史泰龙每做一件事都会百分之百地投入。他的意志、恒心与持久力都是令人惊叹的。他是一个行动家。他从来不待坐着等事情发生——他会主动地令事情发生。"

世界是公平的，每个人都有同样的生命，同样的时间，而之所以最后人有高低、平凡与伟大之分，皆是因为每个人付出的不同罢了。聪明的人主宰自己的命运，愚蠢的人被生活左右。只有积极行动，努力开拓自己的事业，成功才会到来。

劳逸结合为健康
身体打下良好基础

　　喧嚣的都市中，汽车川流不息，行人摩肩接踵，纷繁、喧哗将人们包围。举目观望，你能看到的几乎是匆匆的脚步，焦虑的面孔，着急的眼神，看不到多少轻悠的脚步，轻松的神情。人们或追求荣光，或追求腾达，或追求权势，或追求艺术。现代快节奏的生活，破坏了生活的情趣，使人变得浮躁，感情空洞，经常找不到真实的自我。

　　只知道工作的那是机器人，调整一下我们的心态吧，将名利和享受看得淡些，放松一下紧绷的神经，看看人生的美丽风景：蓝天、白云、远山、绿地……感受一下大自然：花开花谢，四季轮回……滋润心灵，梳理思绪，让疲惫的心得以放松，你会获得一份难得的宁静和安详，原来内心的宁静、平和的感受，能以足够的张力去迎接新的紧张和忙碌。偶尔远离一下喧嚣的都市吧，让自己去享受一下这份宁静、从容、张弛有度地生活，享受真正的人生。

　　有位秀才为了应考天天从早到晚地看书，最终病倒了。这时有个高僧从此经过，家人向他求助，老僧答道，让他每天和家里的孩子玩儿上一个时辰，病自然就好，家人甚是不解，秀才听了表露出不屑神情。

　　这位高僧看后笑到："取把弓来。"家人疑惑中取弓。只见高僧将弓弦松下，清理弓背，拈紧弓弦，而后将松了弦的弓放桌上。然后问道："各位施主，请猜猜看，我这么做是什么意思？"

四周的人逐渐围拢过来。苦思很久，也没弄明白高僧的意思。于是只能向高僧求教。

高僧解释道："如果弓老是弦绷过紧，就很容易折断，如果你把它放松，并适当地打理一下，使用时再将弓上弦，那弓将射力更足。"

生活也是如此，不要把心弦绷得太紧，否则很容易绷断，到了那时就无法挽回了。

有位居士，在酷热难当的天气，耕种院前的一块土地，并在炎炎烈日之下将种子撒到地里。

此时，寺院的方丈从他院前经过，看到后问居士："你在这里做什么？"

"回大师，我向您请教如何修炼，您叫我去看看蝼蚁。我看了它们多日，最终悟道它们的勤奋和积蓄。于是我正在学习它们不惧酷暑、勤勤恳恳地种地苦修。"居士答道。

方丈道："你只把功课学到了一半，蝼蚁平日里忙忙碌碌，积攒食物，可是到了冬天，他们就会去休息，去享受自己的贮藏，这点你可学到？"

在我们的生活中，你会发现一个现象，越是有才华、越是被人看好的人，他的生命往往越短暂，正如诸葛亮所云："出师未捷身先死。"究其原因，那就是这些人把自己的弦绷得太紧，没有给自己充足的时间和空间去休息和调整。所以，只有劳逸结合才能具备健康的身体，有了健康的身体，充沛的精力，事业才会有所成功。

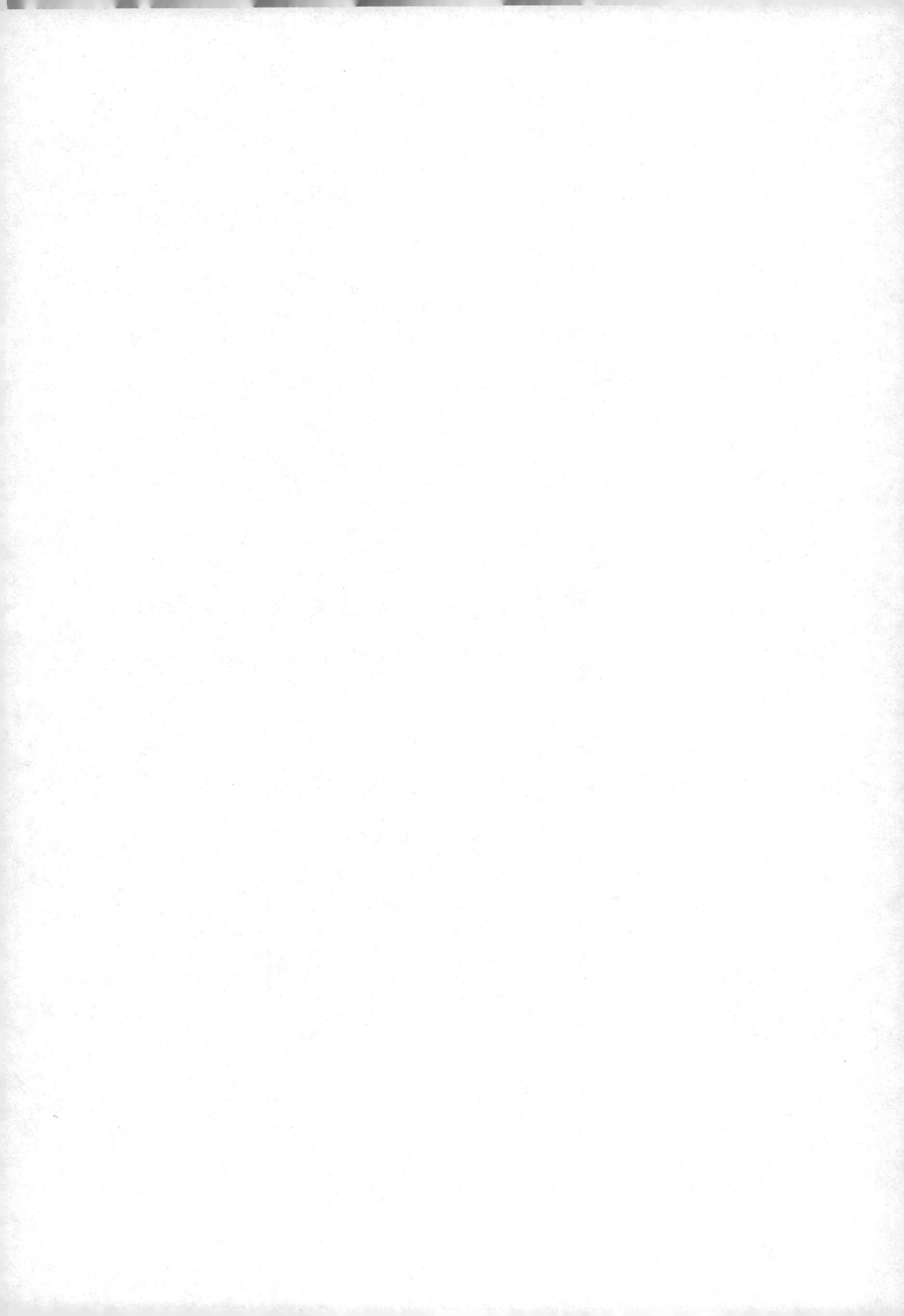

05

放下贪念，
悠然自适

贯休的《山居诗》："露滴红花玉满畦，闲拖橡屐到峰西。但令心似莲花洁，何必身将槁木齐。古堑细香红树老，半峰残雪白猿啼。虽然不是桃花洞，春至桃花亦满溪。"心理上的淡寂和生活上的萧闲相互交织，这就是禅。舍此求禅，恰如兔角龟毛，无处可觅。

人们总是向往淡泊、宁静的生活状态，最深入、最细微、最独到的品味人生。径路狭窄处，请留半步与他人；滋味不要太浓厚，留三分味道让人品。顿悟了禅的淡泊和宁静，花繁柳密处拨得开，风狂雨急时立得定，天天心情都会很愉悦，时时刻刻都能感受到生活的美好。禅的力量能够引导你走出喧嚣，避开炎凉，脱离宠辱，生活会变得更加无忧无虑，更加清净自在，更加充满阳光。

追求想要的东西时
要懂得适可而止

积德是平日里行善，不吝啬钱财，多布施。钱财是身外之物，生不带来，死不带去。唯有功德最实在，还能福延子孙。

有人问禅师："钱财是什么？"

禅师没有直接回答他，只是给他讲了一个故事。

话说有个国王很喜欢聚敛财宝，有个愿望就是把所有的财宝都带到他的后世去。所以从他即位起，他就把这个国的所有珍宝都收集起来，不让外面有一点剩余。

因为他的贪婪，于是规定谁想结交他的女儿，必须要带着财宝当见面礼。而且是连人带财宝一起拿来才能结交他的公主。他用这样的办法聚敛了当地的好几个富翁的财宝，慢慢的，这个国家没有一个地方还有金钱宝物，所有的金钱宝物都进了国王的仓库。

在这个国家里有一位寡妇，她只有一个儿子，她对这个儿子是极其的疼爱。一次偶然的机会，寡妇的儿子见到了国王的一个女儿，她姿色美丽，婀娜的身姿，很让寡妇的儿子喜欢。但他家里没有钱财，没法结交国王的女儿。由于过度思念，他开始生病，眼瞅着身体越来越虚弱。他的母亲看在眼里疼在心里，实在没办法了就问他："还有什么想法，母亲都能答应你。"

儿子便把自己的心事告诉了母亲。于是母亲对儿子说："现在国内一点金钱宝物都没有了，咱家里也是一点金钱宝物也没有了，只有你父亲死的时候，口里含着的一枚金钱。你要是把坟墓挖开，可以得到那枚金钱，用那钱去结交国王的女儿吧。"

后来儿子挖开父亲的坟，从口中取出了那枚金钱。他拿到了金币，便去见国王。国王见了说："国内所有的金钱宝物，都在我的仓库里了。你的金币哪里来的？你是不是发现了什么宝藏？"

寡妇的儿子否认发现宝藏的事，国王始终不信，就用各种刑法拷打他。后来寡妇的儿子说："尊敬的国王陛下，您看这样行不行，您可以去问问我的母亲，实在不行就去我父亲的坟地看看。要是我欺骗了您，您再杀了我也不晚啊！"

于是国王派了亲信去寡妇家里盘问寡妇，还亲自去坟地察看真假。果然看见他父亲口中放金币的地方，这才相信了。紧接着，派去的亲信，也回来说寡妇和她儿子的说法是一致的。就在这会儿，忽然间明白了一个道理——钱财是带不走的，寡妇的丈夫连一枚金币都没有能带走，更何况我那么多宝物呢？

故事讲完后，禅师问那个人："钱财为何物？"

那人回答道："身外之物。"

久积福德，必有回报。固守钱财，空喜一场。

"送人玫瑰，手留余香"，更何况那些身外之物呢，直接布施给那些需要的人，不仅是帮助他人渡过困难，也给自己积福成德，延福子孙。古人云："不患位之不尊，而患德之不崇。"真正值得人们去追求的财富是：高尚的道德品质和完美的精神生活。

金钱、权利、物欲、女色……到头来全是空执着其一生，累其一世，一切都是过眼云烟。

佛教提出"诸法空相"、"五蕴皆空"的道理，就是为了让人们放弃对世间相的执着，解脱世间相的困惑。这里的"执着"有两种。一种是："著有"——执着于有。另一种是："著空"——执着于空。一个人执着于世间的功名利禄等事相，就是"著有"。一个人执着于出世间的清净，就是"著空"。一个人不再执着于世间相，也是不能解脱的。举个例子来讲，就像看病一样，是一个过程，即使不再执着于世间相，却又执着于出世间相。因此打破一切执着，才能悟到自己的"本来面目"，才能真正做到不执着。看到自己原本清净无染、灵动活泼的真实自我。

《红楼梦》中那位疯癫道人所唱的《好了歌》只要看过书籍和电视的都略有所闻。但对于大多数的人来说，讲内心的贪恋彻底消除，是谈何容易。

世人都晓神仙好，唯有功名忘不了。

古今将相在何方？荒冢一堆草没了。

世人都晓神仙好，只有金银忘不了。

终朝只恨聚无多，及到多时眼闭了。

世人都晓神仙好，只有娇妻忘不了。

君生日日说恩情，君死又随人去了。

世人都晓神仙好，只有儿孙忘不了。

痴心父母古来多，孝顺儿孙谁见了。

人生境界得以超然，就需解脱名利的虚妄束缚。但真正能看破红尘的有几人呢？就是唱《好了歌》的疯癫道人也未见得能做到"不离凡俗，一尘不染"。饱读诗书的贾雨村，又何尝不知道"色即是空，空即是色"的道理？但他依旧对娇杏念念不忘，为官之后，派人把娇杏接来，做了填房，他明知道恩公甄家女儿的下落，却畏惧权势不帮恩公找回女儿。为了讨好四大家族，他贪赃枉法，胡乱判案，自己最终也没得个什么好下场。

陷入金钱、权力、色相的深渊中就会越陷越深，烦恼也会随之而来。即使一时得到满足，过了不了多久就会再次陷入进去，直至无法自拔。

人生在世不可太过贪，因为这样不仅会让你身心疲惫，还等于饮鸩止渴，最终不得自拔。人可以追求你想要的东西，但要适可而止，不得过于偏执，该放手时要及时放手，才是一种明智之举。以平常心对待生活，心灵才能获得宁静与安详，每日才能过得愉快和谐。

懂得舍弃
是成熟的标志之一

有三个人总是闷闷不乐，于是找明德禅师询问如何才能找到快乐。见到禅师后就说："大家都说佛法可以让人不那么痛苦，但我们也是信奉佛教之人，多年以来，为什么我们也没觉得快乐？"

明德禅师微笑地看着他们说："想要快乐也不是什么难事，只要搞清楚人为什么要活着这个问题，自己就会变得快乐。"

三个人感到很突兀，没想到禅师会这么问，想了一会儿，第一个人说："人总有一死，但死太可怕，所以要活着。"第二个人说："为了老了的时候，我可以用我现在拼命劳动挣得的钱财、食物，来安享晚年。"第三个人说："我上有老，下有小，所以我必须活着，不然我没了，他们该怎么活？"

明德禅师听后笑着对他们说："你们之所以不快乐，是因为你们都活在恐惧死亡、等待年老、不得已的责任之中，而不是因为自己的理想而活着，不为自己的理想而活着，自然不能快乐。"

三人问道："那我们怎么才能快乐呢？"

明德禅师问："你们认为得到什么才会快乐？"

第一个人说："有金钱了我就会快乐了。"

第二个人说："我觉得我有爱情了就快乐了。"

第三个人说："我有名誉了就会快乐了。"

明德禅师听完他们的话以后说："那为什么有的人有了名誉还是烦恼，有的人有了爱情还是痛苦，有的人有了金钱也还是忧虑呢？"三个人无言以对。

明德禅师接着说："在人们的生活中，理想、信念和责任每时每刻都在体现，并不是空洞的。只有改变对待生活的观念和态度，生活才能有变化。名誉来源于大众，才有快乐；爱情在于彼此的付出，才有意义；金钱要布施于需要的人，才更有价值，这样的生活不是真正的快乐吗？"

人生在世，人人都希望自己能快快乐乐地度过一生，享受美好的人生。那么我们如何才能快乐，佛法给予我们以下五个建议：

第一，以舍为有。

整天妄想、贪求，是永远也不会快乐的。相反，懂得施舍的人，日子才会快乐无穷。这里的"舍"不是全部给人，而是一种结缘，比如：认真听他人讲话，彼此就是结缘；今天我帮你做一件事，哪怕仅仅是一件小事，遇见你时送一个微笑给你，等等，这些都是在结缘。这些看起来都像是在做什么，实则是在播撒福音。这表明你是个富有之人，你有感恩，你有满足，你才肯舍，肯给人。所以"以舍为有"，才会快乐。

舍弃是一种心境坦荡有气度的表现。人生在世十有八九不如意，此时就需要我们学会舍弃。道理很简单，就像当我们蹒跚学步时，父母总是舍不得放手，恐怕我们的路走不好；在经历一次次失败后的成功懂得吸取教训，才能为下一次的成功奠定好基础。在受挫后一定要舍弃挫败感，不然永远都将活在挫败的影子里，那是一件多么可悲的事啊！

现实中，向来鱼与熊掌不可兼得。一个人懂得舍弃是一种成熟的表现，舍弃表面上看来是一种损失，也很痛苦，但有舍才有得。世间万物向来都是公平的。

在我们人生道路上，总是会面临着选择的境地。而这种选择永远都不知道到底怎么才是最好的，未知的路充满了神秘、新奇、刺激和诱惑。一不留神，可能自己选择的路是让自己今生后悔的，也许选择的路是一条阳光大道，这个未知的路谁都不知道该如何选择，选择一条就意味着放弃另一条，这种抉择常常是痛苦的。

当我们作抉择时，有经验的人就会劝我们：要学会权衡利弊，把舍与得分开两边，得大于舍就做，小于舍就不去做。但在我们现实生活中，有时绝不是这么简单就可以作出抉择的。事物总是处在不断变化当中，任何事都没有一成不变的，与其将因得到而舍去的东西没有太大的距离，那舍去的就会让我们痛苦不堪。

第二，以忙为乐。

有一个人看见一位禅师就问："这么多年不见，您一点都没有变老啊！"禅师总是笑盈盈地说："那是因为我太忙了，没有时间去老啊！"大多数人喜欢偷闲，其实偷闲是苦，忙才会快乐。因为，忙得乐以忘忧，你就会总感到快乐，感觉不到忧伤。

第三，以勤为富。

勤劳，等于财富；不勤劳，即使有万贯家财，迟早也会坐吃山空，要想富就要勤劳。

第四，以忍为力。

"难忍能忍，难行能行"造就了佛祖。所谓"三祇修福慧，百劫修相好"，一个人能够忍，就有力量。因此我们要学会忍苦、忍难，忍饥、忍饿，"以忍为力"，一忍万事则成。

第五，用般若来生活。

做人处事，不仅是用感情和物质，还要用"般若"，"般若"是一种智慧。

什么是般若呢？通俗地讲就是：你有技能，把技术传授给他人；你有哲学的思想、正确的道理贡献给别人，这就是般若。能用"般若"处事，凡事就都是好事、善事。

凡事不存有贪欲、嗔恨、自私；不处心积虑总想着算计别人。凡事能为他人着想，能用般若来思想，就能获得他人的信赖和敬重。

最后，如果有平常心，一切就会看得很淡泊，即使一粥一饭也会觉得来之不易。那么这饭就会吃得很香，菜根也会觉得有味。如果没有这样的心境，即使山珍海味也不觉得好吃。

理想、信念和责任无不在人们的生活中体现。只有生活的观念、态度改变了，生活本身才能有所变化。名誉是在服务于大众时，大众给予的肯定，是你个人价值的体现，自己的付出有人认可，就会很快乐；爱情要奉献于人，才有意义；金钱要布施于需要的人，才有价值，这种快乐和价值才是生活真是的一面。

以平和之心
对待万事万物

有位女妇人很擅长养花，而且她还是虔诚的信徒，所以每日都会在自家的花园里采一些鲜花到寺院供佛。一天，刚刚献花供佛出寺院的大门时，正好碰到了慧能禅师，于是在她心里憋闷很久的问题，此刻正好讨教一下禅师。

女妇人说："大师呀，我自己很喜欢花，看到那些开的金灿灿的鲜花我就很开心，于是我总是会把美丽的花献给佛祖，每次来礼佛时，我就感到我的心灵像洗涤过似的清凉，但一回到家中，我的心就会变得很烦乱。我该如何是好呢？"

慧能禅师听后欣喜地说道："每天都能这么坚持地给佛献花。可见你是一个很虔诚的人。而且据佛经记载，常以香花供佛者，来世当得庄严相貌的福报。你常以鲜花献佛，必然对花草有所了解，那如何给鲜花保鲜呢？"

女妇人说："花朵保鲜很简单，每天换水，换水时要把花梗剪去一截，如果不剪去这些花梗就会影响花儿吸水的效果，花就容易凋谢！"

慧能禅师接着说："我们和花是一样的，要想保持一颗清净纯洁的心，就需要不停净化我们的身心，像剪掉花梗一样对自身不断地忏悔、检讨，改掉陋习、缺点，才能真正吸收到生活的气息。"

女妇人听后感到很是受用，对慧能禅师说道："谢谢您禅师，将来有机会，我会像禅师一样在寺中过一段晨钟暮鼓，菩提梵歌的宁静生活。"

慧能禅师说："生活中无处不是宁静之地，你的呼吸就是梵歌，脉搏跳动就是钟鼓，身体就是寺宇，两耳就是菩提，不是非到寺中才能享受到这宁静的生活。"

生活中，无处不是禅，无处不是佛，无处不是宁静详和，唯有保持一颗平和心才能领略生活的真谛。

有两个人争执不下，一闹闹到县衙门前。事情缘由很简单，一家的牛吃草过了界，把另一家的庄家给糟蹋了。正巧赶上县太爷心情不好，还没问清什么原因就把堂木一拍，喝令两人，将县衙门口的拴马石一起抬到城外的楼门口再回来告状。

此二人互视，那可是二三百斤重的石头啊，不齐心协力怎能搬的了。尽管如此，只搬到城外楼门口，还没出城，途中两人就已精疲力竭了。坐下来休息时，一阵微风吹过，两人如醍醐灌顶，忽然醒悟。租车将拴马石送回县衙，携手回家去了。

下面的故事也是平息怒火的：

某人受人诽谤，心里很是窝火，一天实在是忍不了就带了一把尖刀去找那个诽谤他的人算账。就在中途，恰好路过一条河，河边垂柳拂岸，河水涓涓溪流，水鸟时落时飞，蓝天白云好不惬意。

这个人原本气呼呼的，眼前的景致忽然吸引了他，步子越来越慢，后来干脆直接坐在河边摆弄旁边的柳条。完全忘记了他出行的目的。

自然的美景可以平息心头的怒火，理智可以压退了癫狂。但现实生活中不一定有那么碰巧的事，可能心情不好的时候还会遇到更糟糕的事。所以我们要学会以平和的心对待万事万物，寻找自己心中那份安宁。这种安宁才能平息心头怒火，化干戈为玉帛。

别把烦恼和快乐想得太复杂

人生有两只手，一只抓快乐，一只抓烦恼。你总是去抓快乐，你就会觉得快乐；你总是去抓烦恼，或者内心放不下烦恼，那你就没有手去抓快乐，你就总会觉得很烦恼。

有两名僧人一直很仰慕一位禅师，总想找个机会去拜访一下。由于那位禅师住在几百里外的一座寺庙里，路途有些远，所以两位僧人一直都在等机会。这天其中一名僧人觉得机会不是等来的，说走就走是可以的。于是相约另一名僧人，准备次日出发。

哪知次日早晨，天阴沉沉的，眼瞅着就要下雨。被约同行的僧人说："你看明显要下雨了，咱们还是等等雨后再出发吧！"

那个提议今天出发的僧人头都不抬，拿着伞就下山了，一边走一边说："出家人怕什么风雨。"

被约同行的僧人没有办法，只好紧随其后。于是两人同行下了山。刚下山，倾盆大雨就开始下起来了。越下越大，风越刮越猛，两名僧人合撑着伞，顶风冒雨，相互搀扶着，深一脚浅一脚艰难地前行，也没遇上个避雨的地方，更不用说碰上户人家了。

前行的路是越走越泥泞，有几次都差点滑倒，就这么着两人相互搀扶的走着，突然被约同行的僧人站住了，两眼愣愣地盯着前方，另一名僧人顺着他的目光望去，看见在不远处的路边站着一位年轻的姑娘。在这荒郊野外出现一位妙龄少女，难怪被约同行的僧人会愣神。

只见那位姑娘瓜子型的脸，弯弯的黛眉，还有一对大眼睛，挺直的鼻梁下面一张樱桃小口，一头秀发似瀑布披在腰间。然而此刻的她秀眉微蹙，面有难色。一身崭新的绸布衣裙和脚下的泥潭显得格外的不符，生怕崭新的衣裙被那泥潭弄脏了，姑娘正站在那里犹豫不决。

建议出行的僧人看出了姑娘的为难之处，二话不说上前说道："姑娘，我来帮你。"说着伸出双臂，将姑娘抱过了那片泥潭。

之后两僧人继续在雨中赶路，但被约同行的僧人心里很不是滋味，一路也不愿意再理会与他同行的僧人。

傍晚时分，雨终停了，天边露出了晚霞，正好路边有家客栈，两僧人便去投宿。

夜里，两僧人开始对话，被约同行的僧人实在憋不住了就开口说："我们出家人应当不杀生、不偷盗、不淫邪、不妄语、不饮酒，更不能接近年轻貌美的女子，你今天怎么就在光天化日之下直接抱她呢？"

"谁？哪个女子？"同行的僧人问道，然后笑笑说，"哦，明白了，你是说我们路上遇到的那个女子。可是我早就把她放下了啊，难道你还一直抱着她吗？你现在如此问我，看来是你还没有放下呀，这说明是你心里还有杂念啊！"

被约同行的僧人顿时开悟。

被约同行的僧人之所以烦恼是因为他把同行的僧人背美貌女子的事一直放在了心上，而同行的僧人自己早已放下了。一个心无杂念的人是不会受外界事物干扰的，不管身处何方，发生任何事，都会很自在，内心都会很清净。

妙道禅师和德惠禅师是好朋友。

妙道禅师有段过得很苦恼，于是决定找德惠禅师求道。见了德惠禅师后说："我总觉得人生太苦恼了，有什么解脱的道吗？"

德惠禅师问道："谁在捆绑着你吗？"

妙道想了想说："没有人绑着我啊！"

德惠禅师笑道："既然没有人捆绑你，那你就是自由的，是解脱的，还要解脱什么呢？"

这个话被后来一个叫迁山禅师用来接引学人，将这种活泼机智的禅机应用到了极致。

有一个学僧问迁山禅师："一个人不开心，怎么才能解脱呢？"

迁山禅师说："那你觉得是谁捆绑着你？"

学僧思索了一下又问："那怎样才能求得一方净土呢？"

迁山禅师又问道："那又是谁污染了你呢？"

学僧又思索半天后继续问："要怎样才能达到涅槃永生的境界呢？"

迁山禅师说："那你觉得是谁给了你生与死？又是谁告诉你生与死是有区别的？"

学僧在迁山禅师一步步的启示下，恍然大悟。

无论快乐还是烦恼，都是自找的，没有谁能把烦恼强加给你，也没有谁能把你的快乐夺走。

王旭那天下班乘坐公交回家，车上的人很多，一个挨一个地站着。其中有一对恋人在王旭的前面相拥而站，相互低声说着什么。男子和王旭正打对面，女子背对着他，这么个角度看那女子，足以看出该女子是一个典型的都市女孩。只见那女子身材高挑、匀称。很时髦的金黄色头发垂在香肩两侧……他俩的谈笑风生吸引了好多人的围观。

女子手中的玫瑰，足以证明他们是一对甜蜜的恋人。听不清两个人在说什么，但从他们彼此的笑声中可以感受到他们很开心。

不久王旭下车，正巧那对恋人也下车，于是他想着："这下有机会看看那个女子的脸了。"于是他大步流星地赶上他们，一睹美女的风采。王旭想着马上能看到一个美女而兴奋不已，就在他回头看到那名女子时，他差点摔倒，此时他也理解了当时两个人的情境——怎么会有那么多人的围观。

从女子脸上的伤可以看出，该女子肯定是受到过意外的伤害，他都不忍心描述那种触目惊心的丑陋。他在那一瞬间愣住了神，完全没有一点思想准备，更想象不到，这样的女子可以如此坦然地笑，有那么快乐的心境。

此时，那对恋人也注意到了王旭，也许他们早已习惯了这种惊愕的眼神，也或许他们早已不会把别人的疑惑放在心上，他们非常礼貌和宽容地对王旭坦然一笑，然后相拥着走在了他的前面。

世上本无事，庸人自扰之。生活中，很多时候烦恼都是自找的，自己把自己圈在一个圈圈里出不来。让自己忧心忡忡、闷闷不乐。我们要学会解除这些束缚，给自己松绑，让自己活得轻松、快乐。

不肯放下，
如何解脱

要想精神得以解脱，就要学会放下。只有放下，才能祛除杂念，活得轻松自在，保持一颗心灵的澄澈，没有烦恼。

每个人都要吃饭，都要睡觉，但修行禅定的人总是会与一般人大异其趣。下面看一位禅师与一位世俗之人的对话：

世俗之人问："禅师，你用功参禅打坐，是在修行吗？"

禅师回答："是的！"

世俗之人问："你用的什么方法呢？"

禅师回答："饿了就吃，困了就睡。"

世俗之人又问："大多数的人都是这样啊，那是不是他们也算做是修行呢？"

禅师回答说："不是的。"

世俗之人不惑地问："为什么？"

禅师很认真地说："因为每个人从表面上看起来一样，其实，在他们吃东西的时候还在想其他的事，他们在睡觉的时候也在想其他的事情，这样如此怎么能说和我是一样的呢？"

一般情况下，修行禅定的人，都懂得排除杂念。即所谓的万法归一，意思就是把许许多多的杂念归到一点上，就这一念集中处，寻找究竟。所以可以这么说，禅师吃饭的时候就在吃饭，睡觉的时候就在睡觉。在吃饭、睡觉的时候，就把杂念排除了。

有一位禅师说过这样一句话："无事是贵人，但却莫做作。"

"无事"就是"安然无恙"的意思。但在禅语中，还有另一种特殊的含义。

从禅者的本意来讲，指不求佛，不求道，更不求人的一种心理状态。就像上面那位禅师说的："求心不歇即无事！"

在我们日常生活中，没有一个人没有一点烦恼。读过佛典的人都见过"烦恼即菩提"这种说法，这里是指人们可以通过用心的锻炼，培养出刚直、纯真的人性，这样说来就没有必要求人，不只是光谈理论，是要自己亲身去体验实际的感觉与情境。

有位僧人说："现在常被人问得无言以对，问题出在什么地方呢？大概是由于在没有东西的地方看见东西，在没有声音的地方听到声音，在没有道理的地方强做道理，在没有主宰的地方硬做主宰……为什么呢？只是因为有俗心存在，就说佛法没有多少，只要能够平白地说出一句话就可以了。那么，这一句话是什么呢？若有人问我山僧，我便对他说：'你已经是两句了。'可领会吗？古人讲，佛祖言语以外的事，全都明明白白地说过了，只是大多数人迷乱不清。这个问题如果看不见，那就是站在地上打瞌睡的汉子，各位经常是在光明里张开眼睛，看见了而不知道，叫我山僧怎么办呢？大家久站了。"

人生众多的烦恼都是自找的。为什么这么说呢？因为不能把心中所有的东西放下。自然不能轻松快乐地生活。之所以说佛没有烦恼，就是他能把所有的东西都放下了，包括金钱、名声、色相、争执，等等。

有个人总是内心苦闷，得不到解脱，于是带了一些鲜花准备去供佛，以求得解脱。正巧在这会儿碰到了这里的禅师。这个人就向禅师求解。

禅师听了后，只说了两个字："放下。"

这个人一听立马把手中的花放下。

禅师继续说了两个字："放下。"

这个人想了想又把手里的贡香放下。

这时禅师还是说了那两个字："放下。"

这个人就愣了，说："禅师啊，我这两手都空空了，还有什么没放呢？"

禅师说："我让你放下的不是你手中的东西，是你心中的东西。具体地讲是你的六根、六尘和六识。你能把这些全部都放下，你的苦恼就没有了，你也就解脱了。"

这个人一想："是啊，我是如何的愚昧啊！什么东西都放得下，我还有什么舍不得呢？什么都可以舍得，我还有什么烦恼呢？"说着谢过禅师回家去了。

人之所以烦躁、不安，甚至有时候还会狂乱，原因就是放不下心中的所有，被精神所束缚。

有一个人犯错被关在牢狱里，牢房里空间很是狭小，连活动的空间都没有，更不用说自在了。于是他整天心烦意乱，抱怨让他住这么一个类似人间地狱的地方，不尊重他的人格。整天愤慨和不平。

有一天，一只蜜蜂飞进了这间牢房，嗡嗡地叫个不停，而且还在到处乱飞乱撞。他就想：我本来就烦得很，还有这么个家伙在这儿乱哼哼，我不烦死啊。于是他觉得一定要把它捉住。

就这样他开始小心翼翼地捕捉这只蜜蜂，哪曾想这只蜜蜂机灵得很，每次快要捉到它时，它就会轻松地飞走。于是他就和蜜蜂开始了你追我跑的游戏。一会儿东，一会儿西，一会儿上，一会儿又下的，折腾了好半天，这个人都没有把蜜蜂捉到。坐下来稍做休息的时候，他想到："原来我的牢房也不小啊，连只蜜蜂都捉不到，说明这个牢房还是挺大的。"至此他悟出一个道理："心中有事世间小，心中无事一床宽。"

因此，一个胸襟宽阔的人，到哪都是会觉得自由。心外世界的大小并不是正真的大小，正真的大小在于我们自己内心世界的大小。相反一个心胸狭小、不满现实的人，即使在空旷的草原也依旧不能让他感到心旷神怡。

正如禅师所说："春有百花秋有月，夏有凉风冬有雪；若无闲事挂心头，便是人间好时节。"我们每个人，不应该计较环境的好与坏，而是要注意内心的解脱与宽容，只有内心大，世界就会大。

人生在世，有太多的东西令我们放不下，尤其对功名、金钱、爱情、事业放不下，有了这个，想求那个；有了那个，又想求这个。如此的重担、欲望和压力，怎能让自己的人生不艰苦？有时，在必要的时候，放下何尝不是一条解脱之路啊！

用豁达之心
对待生活琐事

很多人经常会因为一些小事情生气不已，其实那些事并没有必要那么生气，不值得，生气是一种不负责的表现，用他人的错来惩罚自己。更有的人因为生气时不能控制自己的脾气，而做一些傻事情，等事后又后悔不已却为时已晚。

小宋和小丽是夫妻，结婚以来两人常常因为一些鸡毛蒜皮的小事吵吵闹闹。为此小丽总是生气不已，回家"告状"。不仅告诉自己的妈妈，还告诉婆婆说小宋欺负她，日子快过不下去了。

一天小丽单位派小丽出差，正巧这天小宋早上出门的时候忘记带钥匙了，无奈拨打了专门开锁的公司给开了门。为了下次不再发生忘记带钥匙而进不了门，小宋想起抽屉里有把备用钥匙，想着把这把备用钥匙放在单位，这样即使忘记带钥匙或者钥匙丢了都能把房门打开。可是找了半天钥匙都没找到，打电话问小丽备用钥匙放哪了。介于平时小宋常常找不到东西问小丽，小丽就很生气，此时正好借此事说说小宋："你看看你又找不到东西了吧，家里的事你就不能上点心，什么事情都要问我，以后能不能改改这毛病。"小宋一听小丽这口气，也不问问我为什么要找备用钥匙，一张口就知道教训我，于是没好气地说："问你，把钥匙放哪了？"

小丽电话这头听着就来气，于是说："我还没说什么呢？你这就生气了，真是没法过了，钥匙我给我爸了，放心吧，我爸不是贼，偷不了你的东西。"说着气呼呼地就把电话给挂了，小宋也在气头上，也懒得再打电话过去给小丽说明问钥匙的理由。

出差回来小丽心情就很不好，没回家，直接回了娘家，于是把小宋追问钥匙的事告诉了妈妈，回头妈妈就和爸爸说："老头子呀，你快点把钥匙还给小宋吧。万一他家里丢了什么东西，你跳进黄河也洗不清。"小丽的爸爸一听说："这是什么事？他的钥匙放我这不就是为了方便他们在没带钥匙或者钥匙丢了的情况下方便进去吗？现在怎么就说成我偷他的东西啦？枉费我平时对他那么好，有什么好吃的新鲜东西都想着他们。"

第二天小丽的爸爸就把钥匙还给了小宋。从此，小丽的爸爸再也不给他们送东西了，心中不平有时在遛弯的时候就和熟人说："平时呀我总是想着他们小两口能吃到点新鲜的东西不多，经常想着他们，有点好吃的还给他们放家里，没想到我那女婿呀，不仅不领情还被当贼给防着。哎，瞎了眼，怎么给我姑娘找了这么个女婿。"

一传十，十传百，不久，小丽爸爸的话传到了小宋的耳朵里，于是他气呼呼地回家质问了岳父："爸爸我一向敬尊您的，您怎么在外面说我的坏话呢？"小丽的爸爸说："我就是瞎了眼才把小丽嫁给你。"小宋见岳父一点好气也没有，于是也带气地说："既然说嫁错了就离婚嘛！反正我们俩也过不下去了。"小丽爸爸说："离就离！赶紧地。这样的女婿我也要不起。"

小丽的妈妈见父子俩吵得不可开交，立马给小丽打了电话，小丽刚进门就听见两人说离婚，其实小丽不想离婚的，于是她拉住小宋的衣袖说："如果你改正，我愿意跟你过一辈子。你先给我爸认个错吧。"小宋在气头上，于是说："你们把污水泼在我身上，还要我认错，想什么呢？好人都是你们，我凭什么就成恶人了？"小丽见小宋一点回心转意的意思也没有，于是也很生气地说："行吧，既然你想好了，那就离婚吧，反正你也早就想好了要离了。"

第二日，两个人去办了离婚手续，后来冷静下来，小宋和小丽各自都想：离婚到底是为什么。表面上看起来好像是因为钥匙引发的误会，但又好像是因为很多原因。

人生一世，总是会有这样那样不开心的事，细说起来大部分都是一些鸡毛蒜皮的小事。而我们往往面对这些小事的时候，总是不能以心平气和的方式去面对。到最后不仅伤害了别人也伤害了自己。所以我们应该学会用一颗豁达的心态来面对我们的生活，对他人宽恕就是对自己的宽恕。

[每个人都有
快乐幸福的资源]

一位禅师外出云游的时候，路上碰到一位陌生人，因为投机，两人谈到天都黑了，于是决定找一家客栈住宿休息。

半夜，禅师在睡梦中听到房间里窸窸窣窣的声音，于是喊他的同伴："天亮了吗？"

对方回答："没有啊，还是深夜。"

禅师觉得有些不对就问道："你到底是谁？"

对方倒是也很坦率，说："你不用疑心了，你猜得没错，我是个小偷！"

禅师平静地说："哦！你原来是个小偷啊，那你前后偷过几次了？"

小偷说："那我怎么能记得清呢？"

禅师说："那你每偷一次，又能高兴多久呢？"

小偷说："那要看偷的东西价值有多大了啊！"

禅师说："要是价值连城的珠宝呢，你能高兴多久？"

小偷想了想说："那当然肯定会欣喜若狂，但事后仍然不快乐。"

禅师听了说："这样看来你也只是一个区区小贼，你为什么不大大地做一次呢？"

小偷听了这话，以为遇到了知音，很是高兴，于是急忙问道："听你这话你应该是个高手啊，你一共偷过几次啊？"

禅师说："只一次。"

小偷很失望地说："只一次呀，那哪能够用啊？"

禅师说："只这一次，足以令毕生受用不尽。"

小偷一听大喜，迫不及待地问道："那那个东西是什么啊？你能告诉我吗？"

禅师拍拍小偷的胸部，说道："就在这里，是你的心啊！这里有无穷尽的宝藏，你若能将你的能力奉献在正事上，财富将用不尽啊！你懂吗？"

小偷听后愣了，半晌才晃过神来说："你说得我好像能听懂，但又好像不懂，这种感受我说不出来，但觉得心里很舒服。"

后来这名小偷认识到了自己偷窃的行为，再后来，皈依那位禅师的门下做了禅者。

钱、财、名、利只能给我们短暂的刺激。真正持久从容的快乐，只有一个地方——我们的心里。

话说上帝为了让人们付出一番努力之后才能找到幸福快乐，而绞尽脑汁，于是召集了一些天使来想答案，把人生幸福快乐的秘密藏在什么地方比较好。"

一个天使说："藏在高山上，人类肯定很难发现的。"

上帝听了摇摇头。

另一个天使说："藏在大海深处，人们一定发现不了。大海那么深、那么广，谁也不会相信那么深处的地方有这个宝贝。"上帝听了还是摇摇头。

又有一个天使说："把幸福快乐的秘密藏在人类的心中吧，人们总是到处寻找自己的幸福快乐，却从来没有人会想到幸福快乐就在自己身上。"

上帝听后满意地点点头。

从此，这幸福快乐的秘密就藏在了每个人的心中。

　　谦虚、合作精神、积极的态度，还有爱心，这些都是每个人内在的幸福、快乐的资源，而这些资源是需要自己去挖掘去寻找的。

心无杂念之人
才不会被干扰

人的情感体验的秘密在每个人的心里，快乐与烦恼谁都主宰不了，只有自己去寻找、去挖掘，你从不把烦恼放下，何来的快乐呢？

有一次，仰山度完暑假回来看望沩山，沩山问他："孩子，我已有一个暑假没见你了，你在那边究竟做了些什么啊！"

仰山回答："啊！我耕了一块地，播下了一篮种子。"

沩山又说："这样看来，你这个暑假未曾闲散过去。"

仰山也问沩山："这个暑假您做了些什么？"

沩山回答："白天吃饭，晚上睡觉。"

仰山便说："那么，老师，您这个暑假也未曾白度过呢！"

说了这话，仰山发觉自己这话有点讥讽的味道，因此便不自觉地伸出了舌头。沩山看见仰山的窘态，就责备他说："孩子，为什么你看得那么的严重呢？"

仰山在夏天快要结束时，来看师父沩山。

沩山问他："你一夏天不见来，都做了什么事？"

仰山说："锄了一片山地，种下了一箩筐种子。"

沩山说："你今夏不曾虚过。"

仰山却问："您这一夏都做了什么事？"

沩山说："日中一食，夜后一寝。"

在禅师们的生活中，无时无刻不在修心。山下锄地也好，不如说是在清除心灵的杂草，种上智慧的种子；"日中一食，夜后一寝"也好，那不如说是在最简单的生活中，品味生命本身的味道。一个人如果对于自己所说的那些合于禅理的话，而感觉到很窘；这正表示他犹有俗态。因此，我们至少要忘了那些庸人自扰的举动。没有理由伸舌头，也没有理由去责备。即使需要严厉的责备，也应出之于温和幽默的态度，唯有这样，才能深入。

人们之所以烦躁、不安，甚至有时候会狂乱，最根本的原因就是精神的束缚，放下了，才能使精神得到解脱。

魔由心生，生命当中的大多数不如意，其实都是你自己胡思乱想的，因为我们已经习惯了把自己当作世界的中心，天地万物都在注视着我们，不战战兢兢才怪呢！摆脱来自内心困绕的最好的方法，就是忘记自己。

"世上本无事，庸人自扰之"。有些烦恼不是外物强加给我们的，它的根源在我们的内心。我们之所以有烦恼正是因为内心不清净。一个心无杂念的人，就会不受外界事物的干扰。无论身处何方，无论任何事，他都会很自在。他的心是轻的，不把烦恼的事放在心上，自然没有烦恼。因此我们要时刻为我们的心灵做个大扫除，忘记该忘记的，学会解脱自己。做人，就该这样"健忘"。

常记他人的恩惠，
人生的路会越走越轻松

有位学僧千里迢迢来到湖南找石头禅师学习。见到石头禅师时，石头禅师就随口问他："你从什么地方来？"

学僧恭敬地回答："我从江西来。"

石头禅师点点头继续又问道："那你见过马道禅师吗？"

学僧依旧很恭敬地回答："见过。"

于是石头禅师顺手指着院子角落里的一堆木柴，问道："马道是不是像那一堆木柴呢？"

学僧不知道怎么回答。对这个问题也实在想不明白，而且最关键的是，他觉得这个石头禅师很坏，把他敬重的马道禅师比作一堆柴火，还问他像不像，同时觉得自己在石头禅师这里也学不到什么禅理，于是就又回到江西见马道禅师，并向马道禅师叙述了自己的困惑。

马道禅师听完后，安详地笑着问学僧："你觉得那一堆木柴有多重？"

学僧回答："我没称过，看样子大概有个八九十斤吧。"

马道禅师笑笑说："那你的力量也太大了。"

学僧不解地问："您为什么这么说啊？"

马道禅师说："你从湖南那么远的地方，背了八九十斤的一堆木柴回来，要不是很有力量，怎么能回来呢？"

人生在世，有很多的时候，我们是需要别人宽容，也有时候需要宽容他人。一味嫉妒、愤怒，只会让自己陷入孤立和烦躁当中。相反，宽容的人更容易得到他人的尊重。

一天亚历山大大帝骑马微服私访的时候来到一座小镇，住在一家小客栈里。为了能进一步了解到民情，他决定徒步前行旅行。一天的行程让他很是疲倦，于是他准备回客栈休息，就在这会他发现自己处在一个三岔路口，到底往哪个方向走？此时一点方向都没有了。

亚历山大正在寻找的途中看见一位军人。于是，他走上前去问道："朋友，你能告诉我去××客栈的路吗？"

那名军人叼着一只大烟斗，很高傲地抬着头打量了一下这位身着平纹布衣的"旅行者"，傲慢地答道："朝右走！"

"谢谢！"大帝又问道，"那这离客栈有多远呢？"

"一英里。"那军人很生硬地说，并瞥了大帝一眼。

大帝抽身道别，刚走出几步又停住了，回来微笑着问那名军人："请原谅，我可以再问您一个问题吗？如果您允许的话，能问下您的军衔吗？"

那名军人很高傲地猛吸了一口烟说："猜嘛！"

大帝风趣地说："中尉？"

那个军人嘴唇动了下，憋了大帝一眼，这个意思是说他不止中尉军衔呢。

"上尉？"大帝继续说道。

那个军人继续摆出一副很了不起的样子说："你就不敢说得高一些吗？"

"那么，您是少校？"大帝再次问道。

"是的！"他高傲地回答。于是，大帝敬佩地向他敬了礼。

少校转过身来，摆出一副对下级说话的高贵神气，问道："假如你不介意，我想问问你见过最大的官是什么级别吗？我听你这一连串的猜，知道官级大小。"

大帝乐呵呵地回答："你猜！"

"中尉？"

大帝摇摇头说："不是。"

"上尉？"

"也不是！"

少校走近仔细看了看说："你见过少校不成？"

大帝镇静地说："继续猜！"

少校取下烟斗，那副高贵的神气一下子消失了。他用十分尊敬的语气低声说："难不成你还见过部长或将军？"

"快猜着了。不过我见过比他们更大的官。"大帝说。

"您是将军的部下吗？"少校很忐忑地问道。

大帝说："我的少校，请再猜一次吧！"

少校的烟斗霎那间从手中一下掉到了地上，心想："比部长还要大的官，这是什么人啊，不管是什么级别，我这下可是碰到老虎屁股了。不管怎么着还是先道歉吧！"猛地跪在大帝面前，忙不迭地喊道："尊敬大人，饶恕我吧！虽然我还不知道您是什么官衔，但我知道您肯定是比我高很多，请饶恕我！"

"饶恕你什么？我的朋友。"大帝笑着说，"你又没伤害我，我只是向你问路，你告诉了我，我应该谢谢你才对的啊！"

有位青年脾气非常暴躁、易怒，总是喜欢与别人打架，所以大家都不喜欢他。都不愿意和他玩儿。

一天，青年无意中游荡到广德寺，正巧听到无广禅师在说法，青年听后决定痛改前非，就对无广禅师说："师父，我听了您说的法，很有道理，从今以后我再也不跟别人打架了，即使别人把唾沫吐到我的脸上，我也会忍耐地拭去，默默地承受。"

无广禅师说："那又何必呢？不如让唾沫自干吧，不用去拂拭！"

"那怎么可能？为什么要这样忍受？"青年疑惑地说。

"这不是什么忍受不忍受的问题。唾沫吐到脸上，不是什么大不了的侮辱，微笑着接受就可以了。"无广禅师和气地说。

"如果拳头打过来呢？"青年说。

"一样呀，不用太在意的。只不过一拳而已嘛。"无广禅师微笑着说。

青年最终还是忍耐不住，于是举起拳头向无广禅师的脑袋上挥去，并问："和尚，现在感觉怎么样？"无广禅师非常关切地说："我的头硬得就像一块石头，能有什么感觉呢，倒是你的手，有没有打痛呢？"

青年哑然，无话可说。

佛法云：故见怨或亲，非理妄加害，思此乃缘生，受之甘如饴。就是说当怨敌或亲友没有任何理由地伤害我们的时候，我们不应该生气或者暴怒，而是应该想到"这些伤害都是从因缘聚合而生的"，欣然承受就可以。

在我们平日里，不免还会遇到一些他人的损害。一些怨敌无端地给我们造成一些伤害，可能是身体上的，也可能是精神上的，面对他人的伤害，如果总是想着以牙还牙、以怨报怨，问题就会越来越严重。原因很简单，他人在实施伤害行为时，必然是他心中有烦恼或者怒火所制而不能自主，如果在此时遇到了抵抗，不但不能顺利阻止反而会火上浇油。

"沙门四法"的原则是：骂不还口；打不还手；不以嗔怒对嗔怒；不以揭短对揭短。如果以怨报怨，就违背了出家人必须遵循的行为准则。即使再德高望重，平日修持的功德，也会在瞬间毁坏殆尽。于人无益，于己有害。

让心理平衡有个很好的方法就是学会忘记。总是对别人的坏处"念念不忘"，实际上最受其害的就是自己的心灵，同时自己也快乐不起来。轻则自我折磨，重则可能疯狂地实施报复，最终落得害人害己的结果。

学会忘记也是成大事者的一个特征，只有既往不咎，才可甩掉内心沉重的包袱去前行。很多时候，人们误以为"恶"的，实则未必是真的"恶"。换一个角度说，即使是真的"恶"，对方心存歉疚，诚惶诚恐，你若能做到不念旧恶，并以礼相待，说不好对方可能"弃恶从善"。

总是把烦恼带在身上，是永远也得不到快乐的。时时宽容他人，自己也能得到解脱，也能给了别人一份愉悦，同时也能受到对方的尊敬。

宽容别人，以德抱怨，是一种人生的智慧，是聪明人的处世原则。相信你的朋友就会很多。总是不肯宽恕和原谅他人的人大多都是自以为聪明的人，永远也得不到他人的尊敬。常记他人的恩惠，人生的路会越走越轻松，越走越宽广。

乐观心境
让快乐无处不在

林光禅师有个弟子叫余挤。在他云游四方的时候，他总是有好多的不满，一会儿嫌师父走得太快了，一会儿又嫌行礼太多了，总是想找理由多休息会儿。林光禅师却总是会说："再走一会儿吧，再走一会儿吧。"就是不休息，有时反而越走越快，余挤就在后面追赶得气喘吁吁。

一天，师徒俩走了好长一段山路后，途经一个村庄，余挤说："师父！好累啊，好不容易碰到一个村庄，我们去讨些吃的吧，顺便休息一下？再走我就累死了。"就在这会儿，一位妇人迎面走来，林光突然跑过去，抓住妇人的手不放，妇人吓了一大跳，又不见和尚有什么要说的，也不见他有放手的意思，于是开始大叫："救命啊！非礼啊！老和尚非礼啊！"

村庄里的人听到声音急忙赶了出来，看到林光在拉扯妇人，都很愤怒，一个出家人如此的行为，很是过分，于是齐声喊打。林光见势不妙，松了手拔腿就跑。余挤哪见过这阵势啊，惊呆了，愣了好一会儿才反应过来，背起行囊飞似地跟着林光跑。

师徒俩一路狂奔，一刻也没敢停，跑了好几条山路后，见后面没人追来，看情形是已经摆脱那些追打的人了，于是二人才在附近的一条山路边上坐下来。余挤擦了擦额头上的汗，埋怨说："师父！您平时不是不近女色的嘛！怎么刚才就那样了呢？您怎么想的啊？这也算是参静品禅心道吗？您再这样，我觉得我看错人了，我还不如回家呢！"

林光禅师既不生气，也不解释，只是关切地问余挤："现在，你还觉得背上的行囊重吗？你不是说再走你就累死了吗？我见你刚才跑得也不慢啊，背着行李都能撵上我。"

余挤如实地回答说："是啊，师父，真是奇怪啊，我刚刚跑的时候，一点都没觉得行李重呢！"

余挤看着师父殷切的眼神，顿时领悟。

心境不同，感受自然就会不同。刚在奔跑的时候，由于惊慌，哪里还有时间去考虑背上的重量，自然会觉得轻松。其实，在我们生活中也是一样的，选择一种安宁平和的心境，烦恼自然也就没有那么多了。

苏格拉底在单身的时候，是和几个朋友一起住在一间只有七八平方米的小屋子里。尽管生活非常不便，但每天的日子过得很开心。

有人问他："那么多人挤在一起，转个身都困难，有什么可乐的呢？"

苏格拉底说："朋友们住在一块儿，说明我们感情很好，大家相处得很和谐，随时都可以交换思想，交流感情，有这样真挚的感情，难道不值得开心？"

时间一天天过去了，同住的朋友们陆陆续续都成家了，搬出了这间小屋。只剩下了苏格拉底一人，但他依旧每天很快乐。

又有人问他："你一个人孤孤单单的，有什么好高兴的啊？"

"朋友们虽然搬走了，但我们的友情依旧不变啊！更何况他们搬走的时候给我留了很多书，同时也给我留出了空间，放这些书，一本书就是一个老师，每天和这么多老师在一起，随时都可以向它们请教，难道这不是一个让人开心的事情吗？"

几年后，苏格拉底也成了家，住在一座大楼里。但他家住最底层。底层是这座楼里环境最差的，上面的污水总是往下渗漏，死老鼠、破鞋子、臭袜子、各种杂七杂八的脏东西，楼上都会往下面扔。但他依旧每天一副自得其乐的样子，又有人好奇地问："你住这样的房间，也能感到高兴吗？"

"朋友，你只看到不好的一面，其实住一层有很多妙处呢！比如，进门就是家，不用爬很高的楼梯；搬东西也很方便，不用顾搬运工；朋友来访也很容易找到……更让我满意的是，可以在空地上种植一些花花草草，甚至可以种一些蔬菜，乐趣数之不尽啊！"苏格拉底情不自禁地笑着说。

过了一年，苏格拉底搬到了顶层，因为有位朋友家里有偏瘫的老人，上下楼很不方便。于是他把一层收拾得很干净让给了那位朋友。自己每天爬7楼，但他仍是快快乐乐的。

那人又问："先生，住顶层楼是不是也有许多好处呀！"

苏格拉底说："是呀，你真是聪明，这一下就被你看出来了啊！我每天上下几次，不仅能锻炼身体，还省下了去健身房的钱；而且这里光线也很好，看书写文章都不会伤眼睛；也没有人在头顶干扰，白天黑夜都非常安静。"

后来，那人遇到苏格拉底的学生柏拉图，问道："你的老师总是那么快快乐乐，他每天处的环境都还不如我，但我总是没有他开心，这是为什么呢？"

柏拉图回答说："原因很简单，因为你和他的心境不同啊！"

曾有人说，给悲观者一个春天，他依然不会感觉到温暖；给乐观者一缕阳光，他就会看到生命的希望。有的人总是抱怨生活中诸多的不公平，有的人却在已拥有的事物中快乐并且满足。生活中的美丽是需要我们自己去寻找、去发现的，拥有一种乐观的心境，你到哪里都会很开心，都觉得幸福。

不同的人，对待生活的态度不同，感受也就不同。乐观的人，总是感到人生很快乐，悲观的人总觉得人生忧郁。乐观是冬日里的太阳，即使天气寒冷，也能感受到温暖。生活就是这样，你对它笑，它就会对你笑。因此做人要在不断修炼自己的品性的同时要学会修炼一颗乐观的心，拥有一颗乐观的心，幸福快乐的生活随处都在。

06

放下浮躁，
从容自得

古人云："知足者人生常乐，无为者天地自然。"美酒佳肴并非真正的美味，奢华的住所和绚丽的服饰未必就能给你带来快乐，保持一颗纯真、简单的心才是获得幸福的最大秘诀。宁静平淡的环境中，人们才能发现人生的真正境界；粗茶淡饭的清贫生活里，才能感悟到人生的真谛。所以，无论什么事都要讲究适度的原则，要怀有"富贵于我如浮云"的心态，做到"不以物喜，不以己悲"，这才是畅达人生的大境界！

内心从容不迫，
人生路更开阔

心德禅师很善于讲禅，他说的法既不引经据典，也不沉迷于学术，所有禅法皆由心生，是人生真谛的自然表述。

心德禅师的听众越来越多，无意间就激怒了另一位实空禅师，因为他的信徒有好多都跑到心德禅师这儿来听禅了。实空禅师心里就很不服气，于是就找心德禅师来辩论，决定一决雌雄。

"心德，听说来这儿听法的人无不崇拜你，服从你，但是我就不服你，你不是很有能力吗，你能使我服从于你吗？"

"到我旁边来，我不一定可以让你服从我，但我可以试一试。"心德不动声色地答道。

这位法师推开众人，昂然走向前去。

"到我左边来。"心德微笑着说道。

较劲的实空禅师听后走到了他的左边。

"不如你来我的右边吧，这样我们说话会更近一些。"

实空禅师又傲慢地向前跨了一步，走到了心德的右边。

心德禅师平静地说道："你瞧，你已在服从我了。我觉得你还是一位非常随和人啊。"

凡事，我们都有两种截然相反的方法来处理。一种是寸步不让，据理力争；

另一种是开怀一笑，从容面对。前者看似精明，后者则是大气。

有一对夫妇在吃饭时闲谈，妻子不小心冒出一句不太顺耳的话。不料丈夫听后心中非常不快，于是张口就与妻子争吵起来，最后吵得不可开交直至掀翻了饭桌，丈夫摔门而去。

在我们的生活中，这样的例子许多许多。许多人的烦恼，并非是由多么大的事情引起，而恰恰正是来自对一些琐事的过分在意、计较，这就是我们平常所说的"较真"。细细想来，我们经常会发现以小失大，得不偿失的。

有些人对于别人说的话，总喜欢句句琢磨，对别人的过错总是抱怨不断；对自己的得失也总爱耿耿于怀，似乎对于周围的一切都那么计较，甚至曲解信息。这种人其实是在用一种狭隘、幼稚的认知方式，为自己营造可怕的心灵监狱。他们不仅让自己活得很累，也使周围的人活得很难受，无形之中他们给自己也编织了一个痛苦的人生。

古代的智者们对此早已有了清醒而深刻的认识。两千多年前，雅典的政治家伯里克利斯就向人们发出警告："先生们，大家注意啊，我们太爱纠缠小事了。"后来，法国作家莫鲁瓦更是深刻地指出："我们总是因为一些微不足道的小事干扰而失去理智，我们活在这个世界上只有几十个年头，然而我们却在为无聊琐事白白浪费自己的宝贵时光。"这话实在发人深思。过于在意琐事的毛病严重影响了我们的生活，使生活失去原本应有的快乐。显然，这是一种最愚蠢的做法。

从台湾归来的111岁老人陈椿有一句话说得极妙："一件事，想通了是天堂，想不通那就是地狱。既然活着，就要活好。"其实，一件事能引来麻烦和烦恼，完全取决于我们自己如何地看待和处理它，这也正是所谓的："事在人为。"因此，美国的心理学家戴维·伯恩斯提出了消除烦恼的"认知疗法"——

通过改变人们对于事物的认识和反应方式来避免烦恼和疾病。这就需要我们首先学会从容。

从容就是不要把什么都当回事，不去钻牛角尖，不要太爱面子，不要什么事都"较真"，尤其不要把那些微不足道、鸡毛蒜皮的小事放在心上；不要过于看重名与利的得失；不要为一点小事而着急上火，动辄大喊大叫，以至因小失大，后悔莫及；不要那么多疑敏感，曲解别人的意思；不要夸大事实，制造假想敌。要知道，人生是需要一些大气的。

从容是豁达、大量与宽容。海纳百川，有容乃大。宽广的胸怀和气度，使人很容易告别琐屑与平庸。而当你让自己豁达与宽容时，自然就会变得轻松幽默，从而洋溢出一种性格的魅力。

从容是一种自我保护的方法，也是一种坚守目标、排除干扰的妙策。人的精力是有限的，如果处处纠缠琐事，被小事所累，那我们的一生将一事无成。

从容是一种修养，一种高贵的人格，一种人生大智慧。那些凡事都与人计较、锱铢必争的人，自以为很聪明，其实他们是在用小聪明干大蠢事，占小便宜惹大烦恼；而对小事不在意，不争执者，正是大智若愚。其生活快乐无穷，洒脱自然！

从容面对生活，超越自我，就会活得潇洒。免了琐事的羁绊和缠绕，自己就会获得心灵的解放，自然也就有了一片自由的天地任你驰骋。

人生应该怀有这样的境界：心胸如海，吸纳百川，潮起潮落，自强不息，不以物喜，不以己悲。从容面对世间的荣辱得失、悲欢离合、爱恨情仇。这样，你就可以进入自由的境界，没有什么东西可以让你烦恼。

$$
\Bigg[\quad
\begin{array}{c}
淡看 \\
生离死别
\end{array}
\quad\Bigg]
$$

有位亭湖禅师，每天晚上都要到湖间一座荒岛的洞穴里参禅。于是取名叫亭湖。

一天，几个爱捣乱的年轻人想捉弄一下他，于是就藏在亭湖去参禅必经路上的树上，等到他过来的时候，其中一个人突然从上把手垂下来，扣在禅师的头上。

年轻人本以为亭湖禅师会吓得魂飞魄散，哪想禅师静静地站立不动，任凭年轻人扣住自己的头。半晌没见反应，年轻人反而被吓倒，急忙收手，慌忙而逃。

第二天，他们仍旧不死心，于是一起到亭湖禅师那儿问道："大师，听说附近经常闹鬼，半夜经常有鬼抱人的头，你遇到过吗？"

亭湖禅师说："有吗？我没有遇到过啊！"

"是吗？可是我们昨晚听说禅师就被魔鬼按住了头。"一位年轻人说道。

"那不是什么魔鬼，而是村里的年轻人在捣鬼！"亭湖禅师说。

"为什么这样说呢？"年轻人问道。

亭湖禅师说："因为魔鬼没有那么宽厚暖和的双手呀！"

禅师紧接着说："临阵不惧生死，是将军之勇；进山不惧虎狼，是猎人之勇；入水不惧蛟龙，是渔人之勇；和尚之勇是什么？就是一个字——'悟'。连生死都已经超脱，怎么还会有恐惧感呢？"

亭湖禅师所说的这种超脱生死的境界，就是我们俗话常说的：连死都不怕，还怕什么呢？对于老年人来说，有一个如此健康、超脱的心态对老年人养生是非常重要的。

世界卫生组织经过深入调查发现，如果把健康元素按照百分比划分，其构成及比例如下：遗传占15%；环境占17%，其中社会环境占10%，自然环境7%；接下去就是医生占8%；自己占60%。遗传的15%和环境的17%是我们控制不了的，而其中的60%是个人因素，我们自己可以控制。所以说，生命其实就在我们自己手里。

养生的关键在于自己。如果自己豁达乐观，情绪稳定，对未来充满信心，充满力量，那么你的力量就将强大到不可估量的程度。人可以战胜细菌、病毒，甚至是癌症……但是战胜它们的一个重要条件，即健康的心态。

人体的抵抗力由各个系统协同工作并构成，但它有一个总指挥——心理。如果这个"总指挥"乐观向上，积极稳定，那么就可以很容易地调动全身所有抵抗力协同作战，形成对疾病的强大攻击力。如果心里没有信心，感到恐惧，那么整个"指挥部"也就崩溃了。

这就像打仗一样，如果指挥部很坚定，那就有赢的把握。如果连指挥部都不知道该怎么打，甚至觉得没有胜的希望，那么一定会全军覆没。所以，我们必须明白，精神乐观、情绪稳定是可以调动人的全身各个系统的力量来对抗病魔的。有人说癌症病人有1/3是吓死的，说的就是因为他的害怕，精神先垮了，所以才会导致最后的死亡。

一个人看着没什么异常，但是一旦查出是肺癌，他可能活一个月就完了。如果他不做这个检查，或许说不定还能活上三五年。查出有癌症后，他的精神首先承受不了，最终导致身体抵抗系统的全面溃败，加速自己的死亡。

所以说，有了疾病，首先应该保持好的精神，在战略上藐视它，不怕它；在战术上重视它，则该治的治，积极配合治疗，这样才能取得最终的胜利。

有位美国自行车运动员，患了睾丸癌，后来癌细胞又转移到肺部，接着转移到脑部。这是晚期睾丸癌的症状，医生说他死亡的概率是99％，生存的概率仅有1％。一般人听到这样的结论会被彻底打垮，但是他却对医生说："没事，大夫请您放心，我不怕。您不是说生存的概率有1％吗？我就是那1％。"

他在睾丸切除后仍不断地进行放疗，最终奇迹般地恢复了健康。而且在治疗期间，他仍不间断练习，他的自行车越骑越好，从全省冠军成为全国冠军到世界冠军，获奖无数，他甚至连续7次获得环法自行车赛世界冠军。

还有一位26岁的法国姑娘，她患了子宫癌。在切除子宫两个月后，癌细胞又转移到卵巢，紧接着卵巢也被切除，可几个月后癌细胞竟又转移到了结肠……就这样，她接连做了8次手术，全身都是刀疤。几个化疗疗程下来，她的头发全掉光了。她吃不下东西，吃了就会全吐出来，不久她便骨瘦如柴。她彻底绝望了，她觉得上帝对她不公平，自己这么年轻就得了绝症，还不如死了算了。

一天，一位朋友来看她。见到朋友她号啕大哭说："我已经绝望了，你能告诉我怎样才能死得更快一些吗？"朋友劝慰她说："你千万别想死，生命非常珍贵，人生很有意义，你想一想你这一辈子让你最高兴的事吧。"

"现在连死都不怕了，难道还有什么东西能难倒你吗？"朋友问她。于是她开始想起三年前她在海滨滑水、游泳的情形。蓝天白云，微风徐徐，海鸥在海上飞翔，人与自然融为一体，那时候的感觉是最快乐的。于是姑娘决定临终前和朋友再去体验一下当时的感觉，可这时候的她因为卧床太久的缘故，连站都站不起来了，一站起来就摔倒。

为了再次体会3年前的幸福感受，她重新练习走路，依靠惊人的毅力她又练习滑水。其间，她遇到一位同样身患癌症的小伙子，他们互相帮助，互相鼓励，她的滑水技巧日益精湛，她的身体也越练越好。很长一段时间后，医院让她去复查，化验结果让医生大吃一惊，她的一切生理指标都正常了。两年后，这个姑娘获得了世界女子滑水冠军。

超越生死是一种生命的最高境界，人类最宝贵的就是生命，但是当连你最宝贵的东西都有勇气舍弃的时候，就没有什么恐惧可以吓倒你，也没有什么事情可以难倒你，从而你将无所不能。

沉不住气，
何以取胜

日本东京有一个精通禅道的武功高强的人，尽管他年纪很大，但在和对手交手的时候，他总能次次获胜。

一天晚上，一个年轻力壮的武士前来拜访他。这个武士不但武功高强，而且胆大妄为，横行乡里。他和人比武的时候，经常先用各种方法将对方激怒，在对手忍无可忍的情况下先行出手，然后，他平静而仔细地观察对方的漏洞，一旦发现对方的弱点，就以迅雷不及掩耳的速度进行强攻。因此使用这种招数，打乱了对手的阵脚，再加上自己超常的武功，年轻武士在和人交手时，也从未败过。

年轻武士久仰老人的声名，但因为年轻气盛，仍不把这位老人放在眼里。他前来拜访的目的就是踢馆，想打败他并以此来提高自己的名望。

弟子们担心老人年龄太大，不是年轻武士的对手，都纷纷劝他不要接受挑战，或者挑选自己年轻的弟子迎战。可是，老人接下了对方的战帖，并决定亲自迎战。

两大高手比赛的消息不胫而走，人们纷纷来到市区的大广场前，观看这场不同寻常的比赛。

比赛开始了，年轻武士像往常那样侮辱老武士，对他扔石头、香蕉皮，还往他脸上吐口水，用脏话侮辱他，想以此来激怒他，但老人就是不为所动。

这样折腾了好长时间，老人始终一动不动，既不生气，也不抢先出手。这是年轻武士从来没有遇到过的情况，他骂得嗓子都哑了，并且精疲力竭，已经没有足够的气力和勇气向老人进攻了。最后，血气方刚的武士不战而退，灰溜溜地逃跑了。

回来后，老人的弟子们都气不过，纷纷质问道："师父，您为什么不好好教训一下那个狂妄自大的家伙呢？""那个小子太过分了，师父您怎么能忍受？再说，这样做也有损师父您的声名啊。"

面对弟子们的质问，老人没有辩解，反而问道："如果有人带着礼物来见你，你不接下礼物的话，礼物归谁？"

弟子齐声回答道："当然归送礼的人。"

老人微微一笑，说道："愤怒、侮辱和妒嫉也是同样的道理，如果这些东西你都拒收，它们还是归对方所有。从对招的角度来说，他是有，我是无，无招胜有招。"

弟子们听了这番话，才明白了师父的用意，也从中领悟到了许多的道理。

日本还有位山阴禅师，他是位修行有道的高僧，大家对他都非常尊敬。

有一对夫妇在山阴禅师的住处附近开了一家食品店。他们有一个非常漂亮的女儿，夫妇俩总是以女儿为荣。有一天这对夫妇突然发现女儿的肚子一天天地大了起来。

出了这种见不得人的事，这对夫妇又惊又怒！夫妇俩对女儿爱恨交加，发誓要惩罚那个惹事的家伙。在父母的逼问下，女儿起初不肯招认那个人是谁，最后实在没有办法，才吞吞吐吐说出"山阴"两个字。

夫妇俩万分恼怒，气冲冲地去找山阴禅师理论。听清事情原委以后，大师不置可否，只若无其事地问道："是这样吗？"

孩子生下来后，怒气冲天的夫妇立马就抛给了山阴禅师。此时的禅师，早已经名誉扫地，但他却不以为然，仍然非常细心地照顾着孩子。

禅师向邻居乞求婴儿所需的奶水和其他用品，虽不免横遭白眼和冷嘲热讽，但他总是泰然处之，仿佛他是受托抚养别人的孩子一般。

一晃一年过去了，那位未婚妈妈终于不忍心再欺瞒下去。她老老实实地向父母摊牌：孩子的生父不是山阴，是在市场里做工的一名青年。这时这对夫妇才发现冤枉禅师了。随后，三人来到山阴禅师那里，向他道歉，请求原谅，并说要将孩子带回去自己抚养。

山阴禅师听后淡然如水一般，他没有任何表示，只是在交回孩子的时候，禅师轻声地问道："是这样吗？"

山阴禅师用沉默忍受了莫须有的诬蔑和诽谤，他没有刻意地为自己辩解，只是按照自己固有的方式去做事，这种做事的方法我们不一定苟同，但是他那博大胸襟确实值得我们学习。

对方不怀好意的挑衅和侮辱，目的就是让我们愤怒，从而失去理智，这样对方就可以抓住我们的弱点，将我们击倒。在这种情况下，我们一定要沉得住气，以无招对有招。对于所有邪恶的语言或举动，如果我们不接受，那么对方只能把它收回。

睚眦必报之人
难相处

　　宽容待人，给别人留余地，也就是给自己留余地。学会宽容，我们才会发现，生活十分美好。只有懂得宽容，才会有良好的人际关系，脚下的路才会更宽，人生才会有更多快乐！

　　俗话说："三十年河东，三十年河西。"其实，这句话是有源头的。以前的黄河河道不是固定的，经常会因为河水泛滥而改道。有个地方原来在黄河的东面，但是，过了若干年后，黄河泛滥改道，这个地方竟然变成了黄河西地。这句话后来也就经常被人们用来比喻人世间的盛衰兴替、变化无常和难以预料。

　　世事无常，所以做人就要宽容、要厚道，给他人留足余地，也就给自己留足了后路。

　　清朝吴敬梓的《儒林外史》中的第四十六回，有这样一段话。

　　"大先生，三十年河东，三十年河西。就像三十年前，你二位府上何等气势，我是亲眼看见的。而今彭府上，方府上，都一年胜似一年。"

　　所以，做人不要太嚣张，得饶人处且饶人，给别人留足余地，避免来日落魄之时，遭到他人的侮辱和迫害。

　　能容人处且容人，在生活中，我们无私地宽容他人，给他人留足了余地，也等于为自己留下了余地。给他人台阶下，也就是给自己台阶下。

　　玲玲是一个毕业三年的女大学生，跟王军同一年进入公司，两个人在一间办公室里工作。在公司同事的眼里，他们是一对天生的金童玉女。但是，王军从来不会多看玲玲一眼，玲玲对王军也是冷若冰霜。

原因很简单，两个人已经为入住隔壁那间经理室暗斗了将近三年。

女人有时候为了达到自己的目的甚至会作出一些出人意料的举动，有时连玲玲自己都会觉得自己卑鄙。玲玲常会在王军离开的时候将他即将送交的文案永久删除。尽管王军对这一切都知道，但是，他依然装做一无所知。

有次公司组织游玩儿，晚餐的时候，玲玲喝了很多饮料，难受得要命，急忙就往厕所跑。

当玲玲进入厕所后发现，这是男厕所，王军在里面，裤子都没来得及拉上。当玲玲意识到自己走错了，一下吓呆在那里，不知所措。

王军轻轻地说了一句："还不快走。"

玲玲满脸通红地退出。事后尽管心中还在感激王军的平静，但是，却害怕王军把这事说给其他人，毕竟，他在公司是自己唯一的竞争对手。

一个多月过去了，玲玲迟迟没有等来别人的嘲笑，甚至没有人对玲玲露出讥讽的眼光——包括王军。玲玲明白了，王军宽容地原谅了自己过去的算计，但自己那些卑劣的手段却成为了玲玲心中永远的结。

没过多久，王军入住了隔壁那间经理办公室。在王军正式升职那天，他微笑着对玲玲说："其实，你所做的一切我早就知道，但是我觉得，报复不会让一个人成功。"

报复不能让一个人成功，所能带来的只有无休止的妒恨与痛苦。而宽容，却是战胜仇恨的最好武器，是走向成功最重要的砝码。

唐朝时期，有位德高望重的慧智禅师，他也是唐朝国师。

有一次他搭船渡河，渡船刚要离岸，远处飞驰而来一位骑马佩刀的将军，大声喊道："等一下，等一下，载我过去。"

船夫大声喊道："船已经开了，不能回头了，请等下一班船吧。"将军非常失望，急得在水边团团转。

这时，坐在船头的慧智禅师对船夫说："船家，这船离岸还没有多远，你就行个方便，掉转船头载上他吧。"船家一看，是位气度不凡的大师父开口求情，就把船开了回去，让那位将军上了船。

将军上了船后，四处寻找座位，无奈座位已满。这时，他看到坐在船头的慧智禅师，于是拿起鞭子就打，嘴里还粗野地骂道："老和尚，快滚开，把座位给老子让出来。"没想到，这一鞭正好打在慧智禅师的头上，鲜血汩汩地顺着脸颊流了下来。禅师一言不发，把座位让给了那位将军。

看到这里，船客们心里既害怕将军的蛮横，又为禅师抱不平，人们纷纷窃语：这将军真是忘恩负义，老禅师好心请求船夫回去载他，他却不领情，不仅抢了禅师的位子，还打人家。从大家的议论声中，将军明白了一切。他心里非常惭愧，但身为将军，他又不好意思当着众人认错。

不一会儿，船到了对岸，大家下船。慧智禅师默默地走到了水边，洗掉了脸上的血渍。此时，那位将军再也忍受不住了，他冲上前，跪在禅师面前忏悔道："禅师，末将鲁莽，实在是对不起您啊。"

谁知，慧智禅师不仅没有生气，反而心平气和地说："不要紧，出门在外，难免心情不好，做出一些不合适的事情。"

如果有人因为无知或鲁莽伤害了你，你应该给他以宽容，而不是睚眦必报。生活中，我们都能够给别人多一点宽容，多一点理解和尊重，那么，世界上就会少一些猜疑和怨恨，人与人之间就会相处得更好。

生死面前，笑容如常

广济禅师门下有位普惠禅师。有一天，他在大街上请人施舍衣服，一位慷慨的佛教徒给了他一件上好的袈裟，他却摇了摇头，拒绝接受。

这件事情被广济禅师知道了，他就命人买了一口棺材，并叫人送过去。送的人提心吊胆，生怕挨普惠禅师的打。但是当普惠看到棺材，高兴地说道："我的衣服终于来了。"

普惠扛起棺材就往大街上跑，在最热闹的地方放下棺材并大声宣布："快来看啊，广济为我做的法衣！我很满意，明天上午我要穿着它在寺院东门去死。"

第二天早上，普惠就扛着棺材到了东门，一看，不得了！看热闹的人里三层外三层，把东门围得水泄不通。普惠对大家说："今天人太多，不好死，明天我到南门去死。"

第二天南门也围了一大堆人，普惠说后天在西门死。

第三天西门依旧围了一大堆人，普惠说大后天在北门死。

这次大家不再相信普惠了，纷纷发牢骚地说："这和尚把我们都给骗了！瞧他那精神好着呢，哪里会说死就死呢？明天再去，肯定又要上他的当了。"

第四天一早，普惠照旧扛着棺材来到北门，一看，居然还有几个看热闹的人在这里等着。

他喜笑颜开地说："辛苦大家了！东南西北陪我奔波了好几天。我现在可以死给你们看了。"

说罢，普惠打开棺材，敏捷地跳进去，而后自己再盖好。

看热闹的人笑嚷着说："这和尚又在逗我们玩儿呢，不一会他就出来了。"等了许久都不见动静，当人们打开棺椁的时候发现，普惠真的辞世而去了。

每个人的生命都只有一次，但也正因此人们往往对生的喜悦和死的哀痛都过于夸大，从而为自己，也为身边的人带来无尽的烦恼。其实，所谓幸福，就是生者幸，死者福也。

有一对年轻的夫妻，没有出色的相貌，也没有令人羡慕的工作岗位，平常得很。

人们只知道那个女的身体有病，平时看上去脸色灰暗，像蒙了层土。可夫妻俩却显得很快乐，在他们的神情里，根本看不出任何不开心的阴影。

不久，那个女的怀孕了，每天人们都看见她腆着一个逐渐隆起的肚子散步。她的脸色依旧是灰蒙蒙的，但却时常挂着笑容。那男的每天都走进走出地忙着，脸上现出喜悦。

突然有一天，有人听说这女的患的是癌症，老早就查出来了，但是却依然怀孕要孩子。大家都惊讶地说："她得了癌症还敢怀孕啊，不要命了！"

秋天的时候，女的生了，男的只抱回一个小女孩，那个女的再也没有回来。

大家感叹着女人的离去，同时也欣慰她能生下一个可爱的孩子。没过多久，大家就如同以往一般安静的生活，似乎没有发生过什么事情。

人生在世，什么才是真正的快乐和幸福呢？很多时候，我们把幸福定义在金钱的丰收，名望的满足上，却忽略了重要的一点。其实，幸福就是一种面对生命的从容，面对生死的超脱。

爱的目的不是
索取回报而是本能

一天，玄空禅师听见寺院门口吵闹不休，便前去询问。原来寺庙前一个屠夫想要进寺烧香拜佛，但是僧人们嫌他满手血腥，不肯让他进入，于是双方就在那里争执起来。

玄空禅师见此情景象，立刻斥责僧人："为何阻止施主入庙呢？"

其中一僧人说道："他是屠户，每天杀猪宰牛，双手沾满了血腥与罪孽，如让他进来岂不玷污了佛门清净！"旁边的路人也附和道："是啊，是啊，每天晚上，他家里就会传来猪狗牛羊的哀叫声，听得人心乱，无法入睡，像他这样的人怎么可以到这里来呢？"

玄空禅师说道："你们说得不对，他身为屠夫，为生计被迫屠宰生灵，一定于心不安，有很多罪孽需要忏悔。佛门为十方善人而开，也为度化十方恶人而开。"

屠户满面感激，来到禅师面前说："大师慈悲，我杀孽太重，于心不安，于是我想要请方丈和各位法师到我家里做些法事为我化解一下罪孽，我在家里办斋供养各位，以安慰我不安的心。到时我们全家斋戒沐浴三日，恳请各位大师光临寒舍，助我完成这个心愿。"

众人听了他的话，方才明白。玄空禅师笑道："佛祖面前，人人平等，每个人都有同样的机会，只要潜心悔过，就可度他，佛门慈悲，不会舍弃任何人。"

在佛家看来，众生平等，佛会度化一切人。众生平等的理念推广到世俗，那就是，众生皆为亲人。只有把所有人都当作亲人，你才能用一颗博爱的心去关怀他人，去奉献他人。从而，也让你自身有别人爱的拥戴。

下面的一个故事是一个守墓人的亲身经历。

一连好几年，一位守墓人每星期都收到一个不相识妇人的来信，信里附着钞票，要他每周给她儿子的墓地上放一束鲜花。

有一天一辆小车开来停在公墓大门口，司机匆匆来到守墓人的小屋，说："夫人在门口车上，她病得走不动，请你去一下。"

一位上了年纪的妇人坐在车上，穿着高贵，但面色暗淡，神情忧伤，她怀抱着一大束鲜花。

"我就是普雅夫人。"她说，"这几年我每个礼拜都给你寄钱……"

"是的夫人，我替你买了鲜花，放在你儿子的墓前。"守墓人答道。

"对，给我儿子。"

"我一次也没忘了放花，夫人。"

"今天我亲自来，"普雅夫人温存地说，"因为医生说我活不了几个礼拜了。我只是想再看一眼我儿子，亲手给他放束花。"

守墓人眨巴着眼睛，苦笑了一下，决定再讲几句："夫人，这几年您常寄钱来买花，我总觉得可惜。"

"可惜？"

"鲜花搁在那儿，几天就干了。这里是墓地，那么多的鲜花没人闻，没人看，太可惜了！"

"你真的这么想的？"

"是的，夫人，你别见怪。我是想起来自己常去的医院、孤儿院，那儿的人可爱花了，那里的人爱看花，爱闻花。鲜花能给他们带来欢乐，但是在这里只能默默枯萎。"

老夫人没有做声，只是小坐了一会儿，默默地祷告了一阵，没留话便走了。守墓人后悔自己一番话太直率、太欠考虑，让这位老妇人受不了了。

从此，老妇人不再寄钱。几个月后，这位老妇人忽然再次来访，看着自己开车来的老妇人，守墓人大吃一惊，她面色红润，精神也好多了。

"我把花都给医院、孤儿院的人们了。"她友好地向守墓人微笑着，"你说得对，他们看到花可高兴了，看着他们那么高兴，我也好快活！和他们在一起我的病好转了，医生不明白是怎么回事，可是我自己明白，因为我觉得活着还有很多用处。"

岑辉禅师德高望重，讲经很受欢迎，每次讲经的时候信徒都把佛堂围得水泄不通。于是有人就建议大家捐钱，建造一座宽敞明亮的大佛堂。

一位富有的信徒当即就慷慨地捐出五十两黄金。禅师收下了钱，只道阿弥陀佛便转身就走，这位富有的信徒紧跟在禅师后面提醒道："师父！我捐的可是五十两黄金呀！"

禅师连脚步也不停，平淡地答道："我知道。"

信徒不满道："五十两黄金可不是小数目啊，我白白捐给你，可你连声'谢谢'都不肯说吗？"

禅师刚好走到大雄宝殿佛像面前，停下脚步说："你捐钱不是给我，而是给佛祖。你布施是在为自己做功德，收益者是你，为什么要我向你道谢呢？"

看着信徒不服气的样子，禅师接着说道："布施不是买卖，如果你觉得自己付出了很多，那我就代替佛祖向你道声谢，但是谢过之后，从此你就和佛祖两不相干、两不亏欠了！"

信徒听后惭愧地施礼退下了。

奉献爱心是一种自然而然的生活观，人们奉献爱心并不是为了获取别人的感激、帮助或者别的什么东西，虽然这些在你付出爱心之后会随之而来。真正的爱心是发于真诚，救人于危难之中的，它不能用金钱来衡量，因为爱心是无价的，但金钱却是有价的。

　　爱是一种付出，有付出自然有回报，这种回报可以有形也可无形，但我们需要谨记，爱的目的不是索取回报，爱是我们人性中真诚的本能之意。

自信之人
必将全力以赴

世界上没有一个永远被赞叹的人，也没有一个永远不被毁谤的。当你话多的时候，别人会批评你；当你话少的时候，别人也会批评你；当你沉默的时候，别人还会批评你。在这个世界上，没有一个人不被批评，你所能做的就是别太在乎。

每个人都生活在一定的社会环境中，虽然每个人的生活方式不同，经历不同，但都生活在别人的视线之下，你的行为、你的私人生活，甚至你的一切，都会有人去关注、去评价，当然，这些评价有正面的，也有反面的。这世上没有不透风的墙，这些评价难免会传到你的耳朵里。如果你的意志力不强，就有可能因为别人的评价而去改变自己，甚至对自己的生活理念产生怀疑，最后失去属于自己的东西。

生活中常常会出现这样的现象，在你的事业开始的时候，可能不断地听到一些风言风语。比如："就凭他那点能力，还能上天啊？""他要是能成功了，我就改姓。"但有一点你要明白，在现实生活中，真正能将事业做成功的关键，是你自己。你有着无尽的潜能，你的创造力不是外人能够估计到的。所以，当你听到对自己负面的评价时，千万不要相信他的话，要坚定走自己所选择的路。

一个真正富有创造力的人，绝不会被外在的环境所左右，更不会因为别人的评价就轻易地改变自己的人生规划和理想。许多成功者恰恰是在各种负面的评价下，坚信自己的决定，义无反顾地做着自己认为正确的事，也正是着重坚持才使他们走向了成功，进入到更高层次的生活状态中。

归宗寺有位光慧禅师，他常和弟子们在园中种菜。有一天禅师临时有事情出去。走之前，禅师围着一棵树画了一个圆圈，把菜园子唯一的一把锄头放在圆圈里，告诉大家："你们都不准动它。"在田间耕作，没了锄头就没法干活，弟子们好生奇怪，但谁也没敢动锄头。

一会儿，禅师回来了，看到锄头原封不动，生气地拿起禅杖就敲打弟子们，说道："你们这一群人，没有一个有智慧的！"

自信者往往会按着自己的想法去做，不会别人说什么就是什么。也正因为如此，自信者才更容易获得成功。

普西，一个残疾人，在他生下来的时候就只有半只左脚和一只畸形的右手，父母为了不让他因为自己的残疾而感自卑，就不断地鼓励他参加各种活动。结果，他能做到任何健全男孩所能做的事。

后来他学习踢橄榄球，他发现自己能把球踢得比在一起玩儿的男孩子都要远。于是他请人专门为他设计了一只鞋子，并用它参加了踢球测验，因为成绩出色他得到了冲锋队的一份合约。

但是当教练见到他后婉转地告诉他，说他"不是任何人都具备做职业橄榄球员的条件"，建议他去试试其他运动。普西喜欢橄榄球，他也坚信自己能成功，于是最后他还是申请到了加入新奥尔良圣徒球队，并且请求教练给他一次机会。

教练心存怀疑，但看到这名男子如此自信，就暂时收下了他。

两个星期之后，他在一次友谊赛中，他把球踢出了超远的55码，并且为本队挣到了分，教练对他的好感由此加深。这使他获得了专为圣徒队踢球的工作，并且在那一季中，他为自己的球队争得了99分。

普西一生中最伟大的时刻是在一场翻转球局的比赛上。那天，球场上坐了66000名球迷。球在20码的线上，他们队落后对方1分，而比赛却只剩下了几秒钟。

这时球队把球推进到45码线上。

"普西，进场踢球。"教练大声说。

当普西进场时，他的队控制的球距离得分线有55码远，那是由一位著名的球员踢出来的。球传接得很好，普西调整好姿势，一脚全力抽射，球笔直在前进。全场66000名球迷都屏住气观看，球在球门横杆之上几英寸的地方越过，终端得分线上的裁判高高举起了双手，得3分，圣徒队以19比17获胜。全场球迷狂呼乱叫，为踢得最远的一球而兴奋，同时也为汤姆兴奋，因为这是只有半只左脚和一只畸形手的球员踢出来的！

"真是难以相信！"人们感叹到，但是普西只是微笑。他想起自己的父母，他之所以创造这么了不起的纪录，正是因为他们一直告诉自己他能做什么，而不是他不能做什么。

对同一个问题，一千个人有一千种看法，而你只要坚持住你自己的看法，努力去做，你就有可能获得成功，这就是自信的力量。在自信者看来，世间没有什么事情是不可以做到的。

不因事情的好坏 而影响自己的心情

　　生活中有很多种快乐，许多事情中都暗藏和孕育着快乐，这不仅需要你有一双慧眼能够发现，还要有一双懂得挖掘快乐的手和一颗善良的心。

　　佛经里有这样一个故事。

　　一天，一位路人来到丛林中，遇到了一位正在修行的僧人，于是问道："你们这些修行的人，天天住在丛林中，每天连顿像样的饭都吃不上，为什么天天还如此快乐呢？"

　　僧人说："过去的事都已经过去，我们不会因为那些过去的事而伤悲，更不会因为畏惧而不去做什么，一心一意地修行，有的吃，又没人打扰，更不会担心什么事，就没有什么理由不快乐！"

　　生活本身很美好，大自然中有蔚蓝的天空，雪白的白云，郁郁葱葱的园林，美丽多姿的鲜花；生活中有亲人的关怀，有朋友的真心问候；还有关爱我们的亲人、友人。这么多值得我们珍惜和享用的美好事物，我们理所应当活得很开心。

　　热爱生活的人总会有所得，不管生活是困苦的，还是美满的。拥有一颗平和的心和寻找快乐的心，不论在什么地方，都可以活得很开心。

　　毕业的几年里大家都各忙各的，很少有机会聚在一起，所以有几名同学建议相约去看看久别的大学老师。来到老师家，老师很是开心，关切地问道大家生活得怎样时。每个同学的满腹牢骚布满了整间屋子，有的说工作压力很大，有的说生活烦恼很多，有的说生意很难做，有的说官位受阻……每个人都似乎是生活的弃儿一般。

老师就在旁边默默听着他们你一句我一句地说着自己不开心的事情。后来从厨房里拿出一大堆杯子，摆在茶几上。杯子形态各异，各式各样，有瓷器的、有陶器的、有玻璃的、有塑料的、还有纸杯……学生们看着这些杯子，不明白老师的意图，老师说："我没有别的意思，你们都是自己人，看你们说了那么多，肯定口渴了，我又没有那么多一样的杯子，你们将就一下，用自己看重的杯子自己倒水喝。"说完同学们纷纷选了自己看重的杯子，这时老师开始说话了："你们发现没有？你们手中选的杯子都是自己认为最好看的，也是最别致的，但那些纸杯子和塑料的旧杯子大家都没有选，其实我们生活也是这样的，每个人都希望自己拿到的是最美的、最好的，因此这就是你们烦恼的根源所在。大家需要的是水，而不是杯子，但我们每个人都有意无意地会去选择漂亮的杯子去装水。把生活比作水，工作、金钱、地位等等就是杯子，这些仅仅是我们盛水的工具。工具的好坏，其实影响不了水的质量。但如果把心思都放在选杯子上，我们哪还有心思去品尝水的苦甜呢？"

古人曰："贫贱是苦事，能善者自乐，富贵是乐境，不善处者更苦。"就是说："每个人都有快乐的权利，不是某些人的专利。因此，快乐的人生需要我们去寻找。

快乐随处不在，甚至在痛苦中也可以寻找到。痛苦在我们的生活中也是随处可见的，所谓万事如意，就是人们对美好的生活一种向往，一种祝愿而已。因此，生活中的我们痛苦是回避不了的，勇敢去面对痛苦，品尝痛苦。即使病痛缠身，也不要惊慌，既来之，则安之。坦然接受。像有的人年老退休时，总觉得不自在，和外界的沟通少了，来探望的人也渐渐少了，心里不免会有些失落，但你应保持自己年轻的心态，想想看是不是也从钩心斗角的官场中解脱了出来？要学会以平常心面对生活，琴棋书画、花草树木的快乐也是我们享受生活的一种。其中的趣味也是需要我们去寻找的。

山南禅师问自己门下的一学僧："夜来好风？"

学僧平静地答道："夜来好风。"

山南禅师继续问："吹折门前一棵松？"

学僧仍旧重复："吹折门前一棵松。"

山南禅师颔首一笑，转过身又问旁边的侍者："夜来好风？"

侍者急忙反问："是什么风？"

山南禅师没有回，继续接着问："吹折门前一棵松。"

侍者仍旧紧追不舍："是什么松？"

山南禅师深有感触地摇摇头说："一得一失！"

生活在平日里的我们总是叹息生活太累，太多的不愉快伴随着我们，可是有多少烦恼不是我们自找的呢？

一天，鲁斯外出办事，拦了一辆出租车。刚上车就感到今天的的哥儿心情不错，只见他吹着口哨，一会儿哼唧流行歌曲，一会儿又哼唧国歌。乐此不疲的样子，很让鲁斯羡慕。于是他便搭腔道："师父，有什么喜事吗？看你今天的心情不错啊！"

"心情是很不错，但不是因为今天遇到什么喜事，是我最近悟出一个道理，情绪暴躁和消沉诸事不顺，但换个心情，心情好时事情总会随时出现转机。这样的总结让我每天都很开心。"鲁斯听了很好奇，于是问的哥儿是什么事情让他有这样的看法。

快乐的的哥儿很愿意与他分享，于是和他说起了那天发生的事。

那天清早，本想着趁上班高峰可以多赚点钱。于是早早就出了门，那天天很冷，似乎手一伸出去就会被冻上一样。碰巧的是，车刚刚开出去没多久，车胎就爆了。当时肺都快气炸了！拿了工具下车换轮胎，嘴里还一边嘟囔着："真是倒霉这鬼天气这么冷，本来能多挣点钱的，这下好了，不但钱挣不到了还得去买新备用胎。而且天气这么冷，一个人动手换胎会花很长时间，倒霉啊倒霉。"就在这时，身边过来一辆卡车，忽然在的哥身边停了下来，司机跳下车二话没有说就开始动手帮忙换轮胎。轮胎换好后，卡车司机只说了一句："不要抱怨，把心情整理好，你会一切心想事成的。"说完就挥挥手上车走了。

的哥儿说完转回身来和鲁斯说："就因为这件事，我整天情绪都很好。看来所有的事情都会有转机，不会永远倒霉的。我开始因为轮胎爆了很生气，后来又因卡车司机的帮忙心情好转，心情变好之后，好运似乎也跟着来了。那天早上忙得不可开交，客人一个接一个的，钱也挣了不少。所以先生，不要因为事情不如意就烦恼，保持愉悦的心情，事情随时可能都会有转机。"

善于寻找快乐，就能天天开心；善于解脱烦恼，每日就没有烦恼。快乐与烦恼，在于你对生活的态度。遇到好事要开心，遇到坏事也不要烦恼，好事也好，坏事也罢，都不要因为事情的好坏而影响自己的心情。随时保持快乐的心情吧！生活会变得很如意。

得失有道，
欲望有极

有个修行的弟子问寺院的禅师："世间什么最可怕？"

禅师答道："欲望！"

弟子满脸疑惑，甚是不解。

禅师说："听我给你讲一个故事吧！有个农民想要用多年的积蓄买一块大大的田地，他打听到有个大地主有地，并且想卖，便到那里协商。到了那里，他向地主询问："你的地怎么卖呢？"

地主说："只要交100两银子，你就有一天时间，从太阳升起算起，到太阳落下，在这个时间里你用步子圈的地就都是你的了；但是如果在日落的时候回不到起点，你将得不到一寸土地。"

农民心想："我有一天的时间，快走一些，那得圈多大的土地啊。这样的生意实在是太划算了！"于是当即就和地主签订了和约。

太阳刚一露出地平线，农民就迈着大步向前疾走，到了中午的时候，他回头看不见出发的地方了才开始拐弯。为了圈下更大的土地，即使再累，他的步子也一刻都不停歇，走啊、走啊……他在心里不断地对自己讲："坚持也就忍受这么一天，以后我就可以享受这一天辛苦所带来的更大财富。"

农民又向前走了很远，眼看着太阳越来越低了，他非常着急，因为如果他赶不回去的话就得不到一寸土地，于是他走斜路向起点赶去。他走得越来越快，比来的时候还快，眼看太阳就要落到地平线以下了，他更加飞步疾驰。最后，只差两步就要到达起点了，但是他再也坚持不住了，倒在了那里，倒下的时候他的手刚好触到了起点的那条线。那片地归他了，可是他却永远的离开了人世。生命已经失去，圈下的那些地对他还有什么意义呢？

禅师讲完，闭目不语，弟子顿有所悟。人的欲望越大，与现实之间的鸿沟就会有多大。过分强求那些本来不属于自己的东西，一味填充自己深不见底的欲望黑洞，倒不如冷静下来，给自己定一个真正的、可以触及的目标，在奋斗中充分享受实现目标的快乐，又能最终收获成功的果实。

拉尔11岁的时候一有机会便去湖心岛钓鱼。在鲈鱼钓猎开禁前的一天傍晚，他和爸爸又来钓鱼。安好诱饵后，拉尔将鱼线一次次甩向湖心，在落日余晖下泛起一圈圈的涟漪。

忽然钓竿的另一头越来越沉。他知道有大家伙上钩了，急忙收线。终于，一条竭力挣扎的鱼被拉出水面，啪嗒啪嗒不停地拍打着水面。"好大的鱼啊！它是一条鲈鱼。"拉尔兴奋地喊道。月光下，鱼鳃一吐一纳地翕动着，硕大的身躯甚是喜人。

爸爸打开小电筒看看表，晚上10点——距允许钓猎鲈鱼的时间还差两个小时。

"你得把它放回去，现在还没到钓鲈鱼的时间。"父亲说。

"爸爸！这么大的鲈鱼啊。"孩子急得快哭了。

"还会有别的鲈鱼的。"母亲安慰他。

"再也没有这么大的鱼了。"孩子伤感不已。

拉尔环视了四周，已看不到一个鱼艇或钓鱼的人，他不断地哀求着父亲，但是，从父亲坚决的脸容上他知道无可更改。暗夜中，那条硕大的鲈鱼抖动着笨重的身躯慢慢游向湖水深处。

多年以后，拉尔成了纽约市著名的建筑师。他后来再也没有钓到过那么大的鲈鱼，虽然留有遗憾，但是他却从中懂得，并学到了父亲传达的诚实、勤奋、守法，也正是依托于此，使他猎取到了生活中更大的鱼——成绩斐然的事业。

人类之所以被称为高级动物、理性动物，就是因为我们能够控制自己的欲望。我们能够用理性分析得与失，成与败，分析什么时候、什么情形做什么事最好。但是，一旦人放弃节制，让本能的欲望无尽延续，那最终受到伤害的将是自己。

[自然真实
为最美]

修行学佛不在于"境界"，而在于自然，每个来到世间的人都带有一份美好的自然之美，但不少人在后天生活中会受到社会坏习气的一次次熏习，习惯变坏了。人若能顺于自然就能达到美的境界，这就是天性，若不能顺应自然，那么所追求的理想与环境就会经常违背。

学佛之人经常会听到"反观自性"这句话。它的意思是指："平常人常使心念随着外面的境界而奔驰忘返，不知反观自照，回到自己的本性。而修佛就是要探寻——人生从何来？该做何事？"若能彻底了解自性，便是"明心见性"，这也正是修行最主要的目标。

孔子曾经到龙门瀑布游玩儿，他站在低处看到激流湍水从高处飞流而下，又看那溪水滚动奔流，波涛非常湍急，见瀑布如此壮观，当即赋诗："水泻二万四千尺，浪花直冲四十里。"

正当孔子沉浸在那雄壮景色之时，忽然发现远处有一个人在瀑布的急流中上下沉浮，便急忙命学生们救人。正在准备之际，那水中沉浮之人却渐渐游将过来，近看却发现：原来他是在游泳。虽然水面起伏不定，他却在水中悠哉畅游，还时不时地大声吟诗唱赋。

在如此惊涛湍流的险境当中，竟然有人能大胆畅游且唱歌吟诗，众人甚是惊叹，皆呼唤其上岸。待游泳者爬上岸来，孔子很惊奇地问他："你竟能在这激流之中游得这么逍遥自在，到底有什么特别的力道吗？"

泳者笑答："我没有什么特别的力道，只是喜欢水呀！而且我经常在这一带游，早已习惯这里的水流，并不觉得瀑布的水很湍急啊，再说，这也正是我喜欢的自然境界呀！"孔子听后大有所悟。

孔子当代的许多学者都曾失望地说："邦无道则隐。"也就是说在国家政治混乱的时候，他们宁愿隐居起来。但是，当孔子看到这位在激流之中逍遥畅游的泳者，便由衷地感悟到："在险恶混乱的境况中，只要抱着适应、奋进的心态，就亦然能够怅然、逍遥。"现在的社会时常让人觉得缺乏安详、和谐的气氛，优美的环境常被混乱的人所破坏；若无扰乱的人，也不会出现混乱的社会。不满现实的人，容易把美好、安静的环境，一下子就变成搅闹的场所，湮灭了自然和谐之美。

有位富人做寿的时候请仙崖禅师为自己写一幅祝福的话，祝愿他的家族永远兴旺，并希望能把它作为传家之宝世代相传。仙崖禅师答允了，只见禅师展开一张大纸，郑重地写下几个大字："父死，子死，孙死。"

富人一见顿时大怒，喊道："我请你写些祝愿我家世代幸福的话，禅师却开这样的玩笑，实在是太无理了吧。"

"施主、贫僧没有开玩笑。"仙崖禅师平静地解释道，"如果你的儿子先你之前驾鹤西去，你必将十分悲痛。如果你的孙子又先你儿子提前离世，那你和你的儿子都将悲痛万分。如果你家的世人能够一代一代繁衍不断，并按照我写的次序离世，那就叫作福缘不断，享尽天年。贫僧认为这才是真正的家族兴旺，世代幸福啊。"

1968年的美国，在内华达州发生了这么一则故事：

一天，刚上幼儿园的3岁小女孩伊迪丝喃喃地告诉妈妈："我认识礼盒上'OPEN'的第一个字母'O'了"。这位母亲非常吃惊，就问她是怎么认识的。伊迪丝骄傲地回答："是幼儿园的薇拉老师教的。"

这位母亲表扬了女儿的聪明，之后，一纸诉状就把那位薇拉老师所在的幼儿园告上法庭。那位母亲说："我的女儿在认识'O'之前，能把'O'说成太阳、苹果、足球、鸟蛋之类的圆形东西。然而，自从她的幼儿园老师教她识读26个字母后，伊迪丝便失去了这种想象的能力。幼儿园要对我的女儿'想象力流失'负责，赔偿我们的精神伤残费1000万美元。"

这件事在内华达州引起了轩然大波。小伊迪丝所在的那家幼儿园认为这位母亲一定是疯了，许多家长也都认为她是小题大做，甚至连她所聘请的律师也不赞成打这样的官司，认为打这样的官司简直就是浪费精力。然而，这位母亲却坚持要打，而且不惜倾家荡产。

这位母亲说："我曾在某个东方国家旅行的时候，在一家公司见过两只天鹅。其中一只被剪去了左边的翅膀，另一只翅膀完好无损。被剪去翅膀的天鹅放养在较大的一片水塘里，而翅膀完好的一只被放养在一片较小的水塘里。

当时我非常不解，就请教他们的管理人员，他们说，这样做是为了防止它们逃跑。剪去左边翅膀的天鹅，无法保持平衡，飞起后就会掉下来；而在小水塘的天鹅，尽管有完好的双翅，但起飞时因为没有足够长的滑翔水域也无法飞走。当时我非常震惊，震惊于东方人的聪明。但同时，我也感到非常悲哀。今天我之所以为女儿的事打这场官司，就是因为痛心伊迪丝幼儿园剪去了她的一只翅膀，一只宝贵幻想的翅膀，早早地就把她投进了那片只有"ABC"的小小水塘，这是在残害她。

自然是和谐、美丽的，人类是大自然的一部分，应该懂得享受这份美丽，顺应自然。懂得了自然之美，你也就会领悟到仙崖禅师的"父死，子死，孙死"的真正的祝福，你也就能明白伊迪丝母亲为女儿的"想象力流失"的心痛。

07

放下强求，
随遇而安

佛家有云："象由心生，象随心灭。君子事来而心始现，失去而心随空。"一杯淡水，一杯清茶，可以品出人生的滋味；一朵鲜花，一片绿叶，可以带来气息；一间陋室，一卷书册，一首音乐，可以领略幸福的风景。生活本是没有痛苦的，幸福是需要我们去体会的，拥有一颗平和、纯洁的心灵，才会懂得欣赏自然，体会生活的快乐。人生最关键的不是终点，而是沿路的风景和看风景的心情。人生美丽且短暂，与其天天的烦恼郁闷，不如让自己舒舒服服过一生，这样别人也会跟着舒服。一个修养深厚的人，总是会保持一种超然的心态，不管遇到什么事，都会勇敢地去面对，解决问题后犹如雨后丽景，清新可人。唯有此才能达到物我两忘的崇高境界。

不让一时的错误
为长久的幸福买单

有一个富翁整日闷闷不乐、愁眉不展。为了能尽快解决这个苦恼，他贴出告示：谁能给完美人生一个准确答案，而且这个答案必须能够适用在失意、得意、快乐、烦恼、成功、失败……等等任何一种情况下。

几天过去了，好多人出了好多答案，但没有一个答案令富翁满意。

一天，一位和尚对富翁说："三天后，我给你一个完美的答案。"三天过去了，和尚交给富翁一张纸条，上面写着："一切都会过去。"

杰克和马飞是好朋友，一次杰克在工作的时候有好几个地方出现了计算错误，使他人生中一项相当重要的工程没有能够完成。这使他感到沮丧而消沉，于是约了他的好朋友马飞在一家小餐馆里见面以述心中的郁闷。

杰克等了没多久，他的朋友马飞就从街对面走了过来。穿着一件陈旧的大衣，头戴一顶不成形的帽子，一点都看不出来他是一位有名精神病的医生。马飞都快80岁了，但依旧全天在工作，而且还是一家大基金会的董事，休闲的时候仍然喜欢去打高尔夫球。

"怎么了，年轻人？"马飞刚进餐馆就直接问杰克，"我的朋友有什么事让你如此不开心？"

杰克早已习惯了马飞这种敏锐的洞察力，于是很直白地和马飞说了他的烦恼。马飞给他分析了整个事件中所有错误的判断、错误的行动，然后，邀请杰克到他的诊所去。

到了诊所，马飞拿出一盒录音带，塞进了录音机里。同时告诉杰克："这里面有3个人的录音，都是来我这诉苦的，你仔细听他们的话，你看你能不能从中挑出他们三个人诉说他们自己事的时候共同因素，只有四个字。"他微笑了一下，然后按下了播放键。

杰克认真听起录音带，从这3个人的言语中可以听出他们都不快乐，第一个是男人的声音，他生意上遭到了损失或失败；第二个是女人的声音，说她因为有照顾寡母的责任感，而错过了很多次结婚的机会；第三个是一位母亲，她十几岁的儿子和警察有了麻烦，她一直在责备自己没有管教好自己的孩子。

杰克听完后，马飞关掉了录音机，坐下来对杰克说："在这盒录音带中，他们三个人一共有六次用到了这四个字，正是因为这四个字，使他们烦恼不已。你听出来没有？你刚刚在餐厅也和我说了不下三次的那四个字。杰克疑惑地说我们都说哪四个字了？马飞把磁带的盒子丢给了杰克，上面写着四个字"如果，只要"。

"你一定大感惊奇是不是？"马飞说，"你知道我天天坐在这把椅子上听多少病人来这和我说那四个字，我总是默默听完他们的诉说后，给他们一个解决问题的答案，答案就是："如果，只要你们不再说如果，我们或许就能把问题解决掉！"

我们大部分人就是因为这四个字，把很可能的事实变成真正的障碍，成为不再去努力的借口。

马飞很认真地和杰克说："现在就说你的事情，虽然你的计划没有成功，为什么？因为你犯了一些错误。但你应该想想，那又有什么关系呢？每个人都有犯错误的时候，我们只有在不断的犯错中总结教训。在错误中成长，让自己变得更加强大。像你现在一味地因为犯错而郁闷不已，不但解决不了问题还从中学不到什么。这个错误也就白犯了。到最后损失的还是你自己。于是这些错误让自己损失，为什么不让这些错误帮你呢？"

杰克惭愧地低下头说："那么，我应该怎么去补救呢？

"转变重点，"马飞立刻说，"以振奋的词句取代那些令人退缩的泄气话。"

"那你能帮我提出一些这类的词吗？"

"当然。不要再用'如果，只要'，用'下次'来代替。"

"下次？"

马飞说："不错，就在这个房间里，'下次'两个字让我看到了创造奇迹的希望。只要有病人还在不停地说'如果，只要'，那他就还没有走出原来的阴影。但是当我听到他开始说'下次'的时候，我就知道他已经走上了克服问题的道路。这表示，他会把懊悔的障碍推到一边，向前进，想解决问题的方法了。你若听明白了，就去行动吧。"

当我们总是沉浸在过去的错误之中时，怎么会快乐起来呢？要知道，一切都将会过去，新的一页又会随即翻开。只有把旧的放下，才能有新的出现。当你烦恼郁闷时，不妨想一想，这一切都会过去的。保持一颗平和的心去面对当下的问题，你会发现原来真的可以"一切都会过去"。

没人能控制
或夺去你的态度

明德在寺庙里是负责砍柴烧饭的僧人。由于性格刚愎急躁，所以师兄弟们常常捉弄他。

一日，天气炎热异常，明德煮了一锅绿豆粥想着给师父和师兄弟们解暑。不料其中一碗汤里有一只死蚂蚁，其中一位师兄就说："好好的一碗汤却被一颗鼠粪所玷污了。"

明德听了觉得师兄在指桑骂槐，于是怒气冲冲地把整锅汤全倒掉了，然后每天都闷闷不乐的。师父知道后就把他叫到禅房说道："我们岂能因他人片刻的话便认为自己是鼠粪？"只有真正把自己当成鼠粪的人才会因被揭穿而懊恼。

明德听了惭愧万分。

现在当我们翻开报纸不难看到，兄弟姐妹之间因为财产问题互相残杀的事件；因为口角之争而引起的矛盾等情况。在面对以上事情或者任何事情其实都有选择态度的权利，选择仇恨、消极、生气或者选择主动、积极、宽恕，全权在于你。

小赵被三名歹徒入室抢劫时开枪射中，幸运的是他被邻居及时发现，紧急送到了医院，因抢救及时保全了性命。

小赵回忆起当时的情形，清楚地记得，当他被紧急推入手术间的途中，看到了医生和护士脸上的忧虑神情，一下就吓着了，似乎他们的眼睛告诉他："你已经是死人了。"小赵想，"我不能这么倒下，要采取一些行动。"

当时其中一名护士大声地对他问话："你对什么东西过敏吗？"

小赵回答说："有。"

医生和护士们立刻都停了下来等待他的回答。

小赵使足全身的力气说："子弹！"

医生和护士们当时都笑了，脸上的忧虑神情在渐渐消失，听他们笑完之后，赵明说："我现在选择活下去，请把我当作一个活生生的人来开刀，不是一个活死人。"

经过18小时的外科手术，以及周到的照顾，赵明终于出院了。他能活下去当然要归功于医生的精湛医术，但同时也由于他令人惊异的态度。

赵明说："每天早上我起来告诉自己，我今天有两种选择，可以选择好心情，或者选择坏心情，我总是选择好心情；如果有不好的事发生，我可以选择做个受害者，或者选择从中学习，我总是选择从中学习；每当有人跑来跟我抱怨，我可以选择接受抱怨，或者指出生命的光明面，我总是向他指出生命的光明面。"

还有一个故事。

有位太太请了名油漆匠到家里粉刷墙壁。

油漆匠一走进门，看到她的丈夫双目失明，顿时流露出怜悯的眼光。可是男主人一向开朗乐观，所以油漆匠在那里工作了几天，他们谈得很投机；油漆匠也从未提起男主人的缺憾。

工作完毕，油漆匠取出账单，那位太太发现比谈妥的价钱打了一个很大的折扣。

她问油漆匠："怎么少算这么多呢？"

油漆匠回答说："我跟你先生在一起觉得很快乐，他对人生的态度，使我觉得自己的境况还不算最坏。所以减去的那一部分，算是我对他表示一点谢意，因为他使我不会把工作看得太苦！"

油漆匠对她丈夫的推崇，使她落泪，因为这位慷慨的油漆匠，自己只有一只手。

态度就像磁铁，不论我们的思想是正面抑或是负面的，我们都受到它的牵引。而思想就像轮子一般，使我们朝一个特定的方向前进。虽然我们无法改变人生，但我们可以改变人生观，虽然我们无法改变环境，但我们可以改变心境，我们无法调整环境来完全适应自己的生活，但可以调整态度来适应一切的环境。

毕竟，你的生活并非全数由生命所发生的事所决定；而是由你自己面对生命的态度，与你的心灵看待事情的态度来决定。

每天你都能选择享受你的生命，或是憎恨它。这是唯一一件真正属于你的权利；没有人能够控制或夺去的东西就是你的态度。如果你能时时注意到这个事实，你生命中的其他事情就会变得容易许多。

真诚是
最好的告白

在一个神殿里面灯火辉煌，非常热闹。天神的塑像庄严地供奉在座上。教徒们正忙着把一盘盘的猪、鸡、鸭等庖牲都抬上来了。他们神态恭敬，表情肃穆。

"你们为什么要用庖牲做祭品呢？"佛问。

"因为用庖牲祭祀，天神会降福给我们，赐予我们大量的财富，农作物丰收，人民安居乐业，死后还可以投生天堂。"

"你们错了，用庖牲祭祀是野蛮的行为。杀生流血，只会做成更大的罪孽，罪孽的行为，怎能带来福泽呢？"

教徒觉得很惭愧，于是就问："那么，要怎样才可以祈福呢？"

"只有奉行众善，纯洁身心，才是福德的本源。"佛陀回答道。

教徒听了，非常信服，马上跪在地上忏悔，从此以后再也不用庖牲祭祀了。

其实向佛祖祈福，并不需要献什么稀罕物，只需要纯洁身心就足够了。同样，对于爱情而言，并不需要天天海誓山盟，平平淡淡才是最真的。

在春暖花开的时节，男孩和女孩认识了。

刚开始一切都很浪漫。一切都和女孩一直憧憬的一样。

那些日子里，女孩的办公桌上，天天有盛放的玫瑰，鲜红似火，就像男孩和女孩之前火热的感情。女孩每天细心地浇灌玫瑰，注视它们的眼神都特别温柔。

办公室里的女孩子们，常常会在一起讨论有关爱情的话题。而恋爱中的那个女孩总是说："爱情，一定是最浪漫的，最美丽的，就好像那些盛开的玫瑰花。"

有一天晚上，男孩带女孩去一家小餐馆吃饭。

女孩吃饭的时候，男孩就坐在对面，看着她吃。女孩吃着吃着，忽然想起了小时候，奶奶也是这样坐在她对面，看着她吃饭。奶奶看她的眼神中，饱含着慈祥和宠爱，让女孩的童年，充满了被宠爱的感觉，那种感觉，只有一个词可以形容：幸福。

女孩禁不住抬头看着男孩。在那双满含笑意的目光里，竟然也有很慈祥的样子。那一刻女孩仿佛回到了童年时光，小小的心里，溢满了被爱的快乐。

还剩半碗饭，女孩吃不完了。男孩看着她笑了笑，把那半碗饭拿过来，开始吃起来。吃得那样香甜，那样自然。

女孩愣了愣。在她的记忆中，只有奶奶和父母才吃过她吃剩下的饭。那是只有家人才可以做得这么自然的事啊。

而男孩……

"你知道我现在在想什么吗？"男孩吃着饭，说："我忽然想，以后如果哪一天，我们穷得只剩下一碗饭了，我也一定会让你先吃饱。真的，我发誓！"

女孩心里想，这真是一个一点也不浪漫的誓言啊，可这却是男孩对女孩许下的唯一誓言。不知道为什么，女孩心里觉得酸酸的，暖暖的，为这个有关一碗饭的誓言哭了……

以后，每当同伴们再次说起爱情是什么的时候，那个女孩就会说："爱情啊，爱情就是一碗饭。"

幸福很多时候只是个人心里的感觉，看你自己怎么看待它。很多时候，简单就是一种幸福。生活中充满了很多的诱惑，心里的追求和欲望太多，会让原本简单纯粹的人生变得迷茫、困惑。幸福是什么？这个问题太老套，每个人心里都有不同的答案，但是有一点是肯定的。那就是活着就是幸福，每天早上起来，看见升起的太阳是一种幸福；每天晚上回家，听见家人在餐桌边的笑声是一种幸福，心情不好的时候，和好朋友倾诉也是一种幸福，幸福有很多种，就如你身边的空气，充盈在你的周围而你懵然不知……

幸福是平等的，就好比时光老人给每个人每天24小时一样，但是，因为每个人的心态不同，幸福也就变得不公平了，在悲观的人的心里，幸福是遥远天空中的星星，可望而不可即；而在乐观的人心里，幸福触手可及……

幸福究竟是什么，没有一个确切的答案，但每个人都应该明白，开心度过每一天，很轻松；珍惜现在所拥有的，很满足；把握时光，不留下遗憾，很充实。这，也许就是一种幸福吧。

幸福不是因为拥有得多，而是因为计较得少，只要善于发现和寻找，且具有博大的胸襟、雍容大雅的风度，幸福其实就是这么简单。它可以像野草一样蔓延疯长，也可以像空气一样弥散于每个空间，只要你留意，得到幸福其实很容易。每个人所处的环境不同，但凡福祸相依，苦乐参半，只要从容处世，看淡得失，积极努力地发掘生活中美好的一面，幸福的感觉就会接踵而来的……幸福其实就在我们身边，就在我们眼前，就在时空的分秒间。

生活不会总是以隆重的仪式来接待我们，很多时候只需要一颗真心就足够了。就像那一碗饭，就足以打动女孩的芳心。轰轰烈烈只有在戏剧中才会上演，那不是真实的生活。就像用疱牲来祭祀，祭祀的人只是用来换取自己的利益，却并没有一颗真诚的心，不懂得杀生流血会造成更大的罪孽。

发现快乐，挖掘快乐，创造快乐

过去，有一个老太太，她有两个女儿，大女婿是卖草帽的，二女婿是卖伞的。

一到雨天，老太太就唉声叹气，说："大女婿的草帽不好卖，大女儿的日子不好过了。"

但一到晴天，她又想起二女儿："又没人买雨伞了。"

所以，不管晴天还是雨天，老太太都不开心。

一位云游僧人听说了这件事，就来开导她："晴天，你就想想大女儿的草帽好卖了，雨天你就想想二女儿的雨伞一定生意不错。这样，你不就天天高兴了吗？"

老太太听了云游和尚的话，天天都有了笑容。

有一位年轻的画家把自己的一幅佳作送到画廊里展出，他别出心裁地放了一支笔，并附言："观赏者如果认为这画有欠佳之处，请在画上作上记号。"结果画面上标满了记号，几乎没有一处不被指责。这位画家的心情很糟糕。他找到了他的老师，把自己的遭遇告诉老师。老师叫他画了张同样的画拿去展示，不过这次附言与上次不同，请每位观赏者将他们最为欣赏的妙笔都标上记号。结果，当画家再取回画时，看到画面又被涂满了记号，原先被指责的地方，却都换上了赞美的标记。

年轻的画家这次并没有狂喜。因为他明白了一个道理：自己的情绪不应该由别人来操纵。

专栏作家哈理斯和朋友在报摊上买报纸，朋友礼貌地对报贩说了声谢谢，但报贩却冷口冷眼，没发一言。

"这家伙态度很差，是不是？"他们继续前行时，哈理斯问道。"他每天晚上都是这样的。"朋友说。"那么你为什么还是对他那么客气？"哈理斯再问。朋友答："为什么我要让他决定我的行为？"

每个人心中都有把"快乐的钥匙"，只要你善于发现，其实快乐就在我们身边。

其实快乐就在眼前，就在身边，何必费尽心机四处寻找呢？朋友对你会心一笑，同事间默契配合，父母对你的关怀，情人送你的礼物，妻子意味深长的亲吻……这一件件令你感到快乐的事情，想起来，就足以支撑你的精神世界，就足以让你快乐一生。快乐需要发现，需要挖掘，也需要创造。

感觉并不是
什么时候都是对的

自以为是的人，心中总是装着自己的想法和看法，听不见别人的心声，并常常因此而贻误自己。

人人都有自以为是的时候，尤其是觉得自己占了正理时。但是，我们似乎都忘记了，自以为是的人最信赖的是自己的感觉，最不信赖的是别人的理智，特别是当自己能够找到一个非常完美、合理的解释的时候。

佛教里有一个故事，讲的是从前有位孚上座，在扬州光孝寺讲《涅槃经》。不料座下听众之中有一禅师忽然之间笑出声来。孚上座讲完以后，请这位失笑的禅师到自己的房里，奉茶顶礼，并且谦恭地说："我学识浅薄，讲经只是依文解义，刚才被您笑话了，希望现在能够聆听您的教诲。"

这位禅师见孚上座礼貌周全，于是也就开门见山地说道："刚才我不是笑座主说得不对，不过你所说的只是经文的表面含义，还没有弄清经文的本质啊。"

孚上座于是连忙说："既然这样，请您帮我讲解一下。"

禅师道："如果您能信任我的话，就按照我说的去做吧！座主暂时就不要再讲了，每天端然静坐，收心摄念，用心参经吧。"

孚上座听了以后，就按照那位禅师的说法，不分昼夜地参经。一日，天刚露出发白的晨光，孚上座听到外面打更的声音，就忽然大悟了。从此以后，讲起经来，圆融不滞了。

还有一个故事，说的是良遂座主有一天去拜访麻谷禅师。麻谷禅师看见良遂座主来了，却独自一人去地里耕作，连看都不看他一眼。第二天，良遂座主复去求见。麻谷禅师却始终关着门，拒而不见良遂座主。良遂座主于是不断地敲门，麻谷禅师便问是谁？良遂座主刚报了自己的名字，忽然之间便心有所悟。

这二位座主之所以能取得很大的成就，没有什么别的原因，就在于他们虚心，不自以为是，保持一颗谦卑的心。

现在解说道理的人很多，而真正领悟的人很少，修道的很多，而证道的很少。其原因多是自高自大，不肯虚怀若谷而贻误了自己，真是惋惜之至。

"自以为是"的人，常常处于盲目的自信之中，表现出一种强烈的"优越感"，不把别人放在眼里。与这类人理论，很是费力，犹如"秀才遇上兵——有理说不清"。纵有千条理由，他听都懒得听，总是一口否定。大凡自以为是者，多半都有些常识且其所言所语也能切中要害，于是，便以"高人"自居。因为自我感觉良好，常常是不求甚解、不了了之，属于"一瓶子不满，半瓶子晃荡"的货色。"自以为是"者，无论怎样表现，都是为了显示出自己比别人高明一些。他们中的大多数都不屑于听别人的意见，常常以藐视的眼光与人讨论问题，居高临下，盛气凌人，仿佛整个世界之人都没他明白，总有些"天下大事，舍我其谁"的架势。这类人物，由"自信"而狂妄，由狂妄而浅薄。

一名刚毕业找工作的大学生，因毕业于英文专业，自认为自己的英语很流利，就寄了多份英文简历到很多外企应聘。不久他就收到了很多回信，但结果却都不够理想，许多公司说现在不需要他这样的人才。其中一家公司给他的回信是这样的："我们公司不缺人。并且，即使我们缺人，我们也不愿意用你这样的人，因为你很自以为是，认为自己的英文水平很高，然而从你的来信看，实际并非如此，你的文章不仅写得很差，而且还错误百出。"你可以想象这名大学毕业生在读这封信的时候是怎样的愤怒。他想，不用也就罢了，何必把话说得那么难听呢？他甚至打算写一封狠一点的回信，痛骂对方公司的态度。

但当他平静下来之后，转念一想："或许对方说得也有道理，也有可能是自己犯了英文写作的错误还不知道。"后来他又写了一封信给那家公司，向对方表示谢意，感谢那家公司纠正自己的错误，还表示会努力改进自己的不足之处。几天以后，这位年轻的毕业生意外地收到了那家公司的信函，通知他被聘用了。

这位年轻人的做法极其难得，在别人说出不太顺耳的话时，他还能保持清醒，没有去愤怒地回击对方，而是回过头来认真思考自己是否有错。

生活中诸如此类的事情我们会遇到很多，人们真应该用"真实、善意、重要"三个筛子筛一下自己要说的话，由此来避免说废话或是妄语。所谓妄言止于智者。

自以为是者往往缺乏自知之明，把自己的长处看得十分突出，对自己的学识和能力评价过高，总是喜欢将自己的观点强加于人。自以为是者在生活中总会碰到各种各样的钉子。当我们和别人意见不同时，佛提醒我们：何不听听他人的心声呢？做人，尤其是与他人的意见发生分歧时，请保持沉默，毕竟，"人各有志"。

苏东坡年轻时，有一天到金山寺和佛印坐禅。坐了两个时辰，东坡觉得身心通畅，便忍不住问佛印："你看我坐禅的样子如何？"

"像一尊佛。"佛印接着问东坡，"你看我坐禅的样子怎样？"

"像一堆粪。"东坡揶揄地说。

东坡回家后，高兴地告诉苏小妹："我今天赢了佛印禅师。"

苏小妹不以为然地说："其实你今天输了。佛印心中有佛，所以才看你如佛；你心中有粪，所以才视禅师如粪。"

生活中有很多这种自以为是的人，总觉得别人不如自己，别人都是傻瓜，其实追根究底还是自己痴愚。

某人去动物园看猩猩。他先向猩猩敬礼，猩猩也模仿着对他敬礼，他觉着很好玩儿，又向猩猩作揖，猩猩便也向他作揖。某人接着向猩猩扒眼皮，不料猩猩这次没有模仿，而是打了他一巴掌。

某人生气地去问饲养员。饲养员告诉他：在猩猩的语言里，扒眼皮是骂对方傻瓜的意思，所以猩猩要打他，某人大悟。

第二天，某人再去动物园以图报复。他向猩猩敬礼、作揖，猩猩都跟着做了。接着他拿出一根大棒子向自己头上打了一下，然后把棒子交给猩猩。

不料，猩猩这次又没有模仿，而是向他扒了扒眼皮。

究竟谁是傻瓜笨蛋，聪明的你自然心知肚明。所以，我们要从中吸取教训，不要自以为是，因为把别人当粪便的人自己就是粪便，把别人当成傻瓜的人自己才是傻瓜。

找到内心的那盏灯

小尼姑去见师父："师父！我看破红尘，遁入空门已经多年，每天茹素礼佛，暮鼓晨钟，经读得愈多，心中的杂念不但不减，反而增加，怎么办？"

"点一盏灯，使它非但能照亮你，而且不会留下你的身影，就可以通悟了！"

数十年过去了……

有一所尼姑庵远近闻名，大家都称之为万灯庵，因为其中点满了灯，成千上万的灯，使人走入其间，仿佛步入一片灯海，灿烂辉煌。

这所万灯庵的住持，就是当年的小尼姑，虽然如今年事已高，并拥有上百的徒弟，但是她仍然不快乐，因为尽管她每做一桩功德，就点一盏灯，却无论把灯放在脚边、悬在顶上，乃至于用一片灯海将自己团团围住，还是会见到自己的影子，而且灯愈亮影子愈显，灯愈多影子也愈多。

一天晚上，一阵风刮来，吹得她身旁的灯忽明忽暗，于是她站起身来走向窗户，想把它关上，这时风突然大了，一下子就把房里的灯全吹灭了。

她在黑暗中开悟了。

其实，外在的灯最多只能照亮脚下的路，而心中的灯却能照亮整个世界。所以，我们生活在这个世界上，一定要为自己点燃一盏心灯，这样才不会迷失方向。

这是一家资产过亿的企业集团。在采访集团高董事长的时候，我发现他的桌子上摆放着一只伤痕累累、锈迹斑驳的手电筒。董事长手抚着手电筒，讲起了一段故事。

那时，高董事长还是小高，在一个国营工厂里当政工干部。5年时间，他亲眼目睹了这个工厂是如何从兴盛一步步走向衰败的。但无论如何，他也没有想到，终于有一天自己的名字会被写在下岗职工的名单上。看着那血红的纸上乌黑的名字，他头晕目眩，跌跌撞撞地回到家。

很长时间他都不敢出门。不找工作，也不与朋友联系。家庭的重担骤然压在了妻子身上。妻子在郊区的市场上有一个摊位，丈夫下岗以后，她把摊位收回来自己经营，每天起早贪黑地打理生意。回家的路上要经过一片荒地，没有人家，没有路灯，只有一趟半个小时一班的公共汽车。那天晚上，妻子给他打电话，说自己没有赶上最后一班车，让他去接。

他永远不会忘记那个晚上。他费力地蹬着自行车，妻子坐在前面的大梁上，给他打着手电筒。夜，漆黑一片；路，磕磕绊绊。妻子一只手压在他的手上，一只手擎着那只手电筒。"你还是出去做点事吧？"妻子试探着问。他不语，像以前一样。车子一晃，手电筒灭了，两个人重重地摔在地上。"你要干什么？"他恼怒地问。妻子站起身，打开手电筒，幽幽地说："天这么黑，而手电筒就这么一点亮，但只要它开着，我们看见的就只有光——你可不能让我跟孩子走一辈子黑路啊！"

这句话在他的心里激荡了好几圈，狠狠地撞击着他。他扶起自行车，把妻子搂在怀里……

高董事长说，妻子在他最辉煌的时候出了车祸，遗像压在办公桌的玻璃板底下，天天看着自己，她就像那只手电筒一样，是自己永远的爱，永远的光。

对于出家人来说，心中的光是普度众生的善念，是光照万物的忘我境界，而对于生活中的我们，心中的光就是人生的方向，它使我们不至于迷失自己，找到生活的坐标。

心灵的宁静
最为可贵

有个忠厚老实的农夫，家境很是贫寒，除了一把锄头可以勉强维持生活，什么都没有了，因此，他很感激这把锄头。要是没有这把锄头，他的生活就会更加的窘迫，每每想到这，农夫就对这把锄头倍加的珍惜。

一天，农夫忽然觉得，他自己在一天天地变老，锄头也随着时间的消逝而逐渐磨损，所以他觉得自己应该看开一切，去修行。于是农夫把锄头收藏好后，剃度出了家，并发愿："此生此世如果烦恼不断，誓不罢休。"

可他每每听经闻法，心定下来的时候，和他相依为命的锄头就会出现在他的脑海中，赶也赶不走，实在舍弃不下，便不顾一切地还了俗。他回到家中，拿起锄头左瞧右看，爱不释手，又过了一段时日后，这位农夫又回到师父面前虔求忏悔，说还是决心修行。但没过了几日他又想回家，再然后又出家。这么轮番折腾了几次后他作出最后的决定，于是他拿起锄头跑到河边，对锄头说："我这一辈子都是靠你吃饭，但慧根也却断在了你这里，今天我一定要把你丢掉，永远不再见你了。"说完，眼睛一闭，将他心爱的锄头扔进了河里。

当锄头脱手掉进河里的那一瞬间，农夫感到了无比的轻松和满足。

真正的修行就是要不被外物干扰，心无杂念的去静心修禅。越是你喜欢的东西，越是你修行的阻碍，终究会成为你的心魔。类似这样的事情，不仅出家人会遇到，在我们现实生活中案例也不少。

老街上有一家铁匠铺，经营这家铁匠铺的是位年迈的老铁匠。随着高科技的发展，现在很少有人需要他打制的铁器了，他现在只靠卖拴小狗的链子为生。

他的经营方式和以前的方式没有什么区别。老人总是坐在门里面等待客人的到来，货物全部摆在门外，也从来不吆喝，也不还价，甚至晚上也从来不收摊。不管你什么时候经过这儿，都会看到老人躺在竹椅上，微闭着眼，手里拿着一只半导体，旁边的桌子上放着一把紫砂壶。

老人的生意也没有好坏之分，每天的收入正好够他喝茶和吃饭。人老了也不需要那么多的东西了，每天工作、喝茶、吃饭也活得自在，老人看上去非常满足。

有一天，有个文物商人经过老街，经过老人的身边时发现了他旁边的那把紫砂壶，只见壶古朴雅致，紫黑如墨，从外表看来，有清代制壶名家戴振公的风格。文物商人走过去，顺手端起了那把壶仔细地端详了起来，果不其然，壶嘴内有一记印章，正是戴振公的。文物商人欣喜若狂，现在市场上，戴振公的作品已经很少见了，戴振公在世界上有着捏泥成金的美名，据说他的作品现在存件很少了，他知道的似乎仅有三件：一件在美国纽约州立博物馆；一件在台湾故宫博物院；还有一件在泰国某位华侨手里——1993年那位华侨在伦敦拍卖市场上以56万美元的高价买下的。

文物商人端着那把壶，当时就想以10万元的价格把它买了，当他和老人说出这个数字的时候，老人忽然就被惊在那儿了，然后还是拒绝了。因为老人想着这把壶是他爷爷留下的，他们祖孙三代打铁时都喝这把壶里的水。留着是长辈的念想。

虽没卖壶，但商人走后，老人有生以来开始第一次失眠。他想："这把壶用了近60年了，一直以为是把普普通通的壶，怎么现在竟然有人要以10万元的价钱把它买走。"老人实在转不过这个弯来。

以往都是他躺在椅子上喝水，闭着眼睛把壶放在小桌上，自从知道这壶金贵，他总要坐起来再看一眼。这样很让他不舒服。特别让他不能容忍的是，不知谁把这消息传出去了，左邻右舍都知道了这件事，都知道了他有一把价值连城的茶壶，开始拥破门，有的问还有没有其他的宝贝，有的开始向他借钱，更有甚者，晚上也有人推他的门。老人一下子觉得因为这把壶打乱了他的生活。一时间让他慌了神，自己也不知道改如何处置这把壶。

第二日，那位文物商人带着20万现金，直接登门，老人实在坐不住了。他把左邻右舍都召集了过来，拿起一把斧头，当众把那把紫砂壶砸了个粉碎。

据说到现在，老人还在卖拴小狗的链子，今年已经102岁了。

有的人，心灵的宁静才是最主要的，身外之物即使再珍贵，一旦影响到自己内心的安宁，就会百害而无一利了，那样就一定要舍弃它。在农夫看来，锄头是他修行的障碍，即使他曾经是那么的珍爱它，但它最后成了农夫修行的障碍，那它的命运就是被丢进河里；在老铁匠的眼中，紫砂壶成了他的累赘，于是老人砸碎了它。你有十分珍贵，又必须舍弃的东西吗？你觉得你可以像农夫和老铁匠那样舍弃吗？

爱让生命更美好

一日，佛祖下界招收弟子。遇见了三个人。

第一个人是一位太监。太监说："佛祖度我吧，我向来都不接近女色的。"佛说："你说你不近女色，又怎么知道色即是空呢？"然后摇摇头走了。

第二个人是一位嫖客。嫖客说："度我吧，我虽享尽了女色，但我从来都不迷恋女色。"佛说："不痴不迷，我若度了你，你又怎么会觉悟呢？"然后摇摇头走了。

第三个人是一位疯子。疯子说："我爱！我爱！"

佛说："至诚至爱，善哉善哉。"于是，佛度化了他，开启了他的悟性，最终修成了正果。

有爱之人，谁都会喜欢。谁都愿意去接近。看看下面这则故事。

爱是生命里最好的养料，充满爱的人时时都是幸福的。我们每个人都需要爱。当你学会爱别人的时候，就会知道如何去爱自己了。这才是幸福的。

在一个偏僻的乡村里，住着一名女孩，村子里除了几匹马，几朵花之外没有其他什么新鲜的东西。后来女孩觉得这里很没意思，于是决定离开村子，这时一些年老的长者告诉她，离开这里也可以，你要长大了才行。于是她就一直等啊等，天天盼着自己长大，只有长大了就可以离开村子了，就可以去看看外面的世界，离开这百无聊赖的村子了。

女孩从决定离开村子的时候就在攒钱，因为在她心里，外面的世界有比马

四、花朵、村里的人们更重要的生活。日子一天天过去了，女孩也一天天地长大了，终于有一天，她有了足够的钱可以去外面的世界看看了。

女孩离开村子后踏上了一块陌生的土地。她惊奇地发现这里有许许多多她从来都没有见过的新鲜东西。这里有那么多新奇的动物和食物，有那么多陌生的声音和脸庞，真是让她应接不暇。她漫步在路上，想尽一切办法尽可能地弄懂并记住她所看到的这一切。

女孩从村子出来数日了，天天享受着新事物的快感，但她渐渐地发现，这些新鲜的事情和她从前见过的并没有太大的区别。树还是那样的树，花还是那样的花，马还是那样的马，只是外在的形式不一样罢了。她再次带着思索漫步在路上，此时她发现她已经弄懂并记住了这里的一切。

一天，女孩累了，觉得这里的一切都开始让她疲倦，正坐在路旁思索着原因，一位老禅师在她旁边坐了下来。

"姑娘，看你心事重重的样子，贫僧能帮你做点什么吗？"老禅师问道。

"可以啊，我正坐在这，有问题想不明白呢！"女孩说。

"有什么想不明白的呢？可以的话讲给贫僧听听，或许能帮到你。"老禅师的眼睛清澈慈祥地说道。

"我……"姑娘欲言又止，"我不知道该怎么说。"

老禅师叹了口气说："不要着急，慢慢说，你觉得你是因为什么不开心呢？看你的样子像是外地人，为什么要来这里呢？"

"不瞒老师父，我是外地人，觉得自己的家乡太小了，什么都没有，所以决定出来看看，看看外面的世界，来到这里才知道，这里有好多的人，好多的好东西，您觉得这里的人，他们会为此而感到幸福吗？"女孩眨眨眼睛，问道。

老禅师摆摆手说："不不不，人不会因为东西而感到幸福的。只有人才会使人感到幸福，你只要懂得怎样去爱别人。你就会感到幸福，不管你在哪里。人不像是物品，我们会思考、会感觉。当别人知道你爱他们的时候，别人也会爱你。同时你要学会表达，说赞美的词语让他们知道你是多么的喜欢他们，更重要的是你要懂得欣赏人们原本的样子。不要期望他人会为你做什么事，能给予你什么。最重要的是你要学会在你爱他们的时候也让他们爱你。我们人类是有趣的生物，每个人与每个人之间有着千差万别，但我们却有着一样共同的东西——我们大家都需要爱，爱别人就是菩萨。"老禅师看着姑娘说，"也许这就是你需要知道的。"

女孩点点头开心地说："师父谢谢您，虽然您只是简单说了几句，但您却教会了我很多。"

后来女孩回到了村里，村民们知道女孩回来了，都聚在村口欢迎她。他们望着她，对着她笑。此时她第一次注意到他们的脸是多么的友好和慈爱且充满真诚。以往她天天都在看着他们，但真的从未留心过。此刻的她才真正体会到原来他们是那样地爱她。

村长关切地问她："出去多日，学到了什么？"女孩眼中含着幸福的泪花说："我学会了如何爱人。"村民们也点点头说："这里有最好最好的人。"从那以后，女孩觉得她的村庄是那么的美丽，乡亲们是那么的善良质朴。她每天都开始同村里的人们一起劳作，为他们提水解渴，和他们分享快乐和忧虑，把自己的爱全部倾注在了日常的生活中。

一个对生活，对亲人、爱人、朋友，乃至陌生人充满爱意，生命才会充实，活着才有意义。一个人连爱都不懂的话，他就会陷入到空虚之中，无幸福可言。因为是爱让你我存在。让这个世界更美好，处处充满生机。

人贵有
淡泊之心

某处闹灾荒，佛教界的一些人士也想尽些济助之心，于是就请了一个歌舞团来做表演。以此来筹募一些经费。某一寺里的禅僧购置入场券，也观看了歌舞。

一名新入道的禅学者，觉得作为参禅修道之人，是不应该观看这样带有引诱性质的表演的。但因为是团体行动，全寺的人都来了，不得已，他就自己闭上眼，正襟危坐地不理会周围的嬉闹。任表演者在上面表演。

歌舞中途，主办方开始向大家提出助捐的呼吁，这位新入道的禅学者拂衣而起，很生气地说："我连眼睛都没睁开，怎么看你们的表演，既然没看我为什么还要给你钱？"

主办者听后便认真地对新入道的禅学者说："别人睁开眼睛是看的，只要捐一半就可以了，而您是闭着眼睛想的，那才要请您加倍多捐一些呢。"

禅的最高境界就是无我无他。并不是要求修行者刻意地去清心寡欲，而是学会用一颗淡泊之心来面对世间的一切善恶美丑。

自古及今，那些成就一番了不起的伟业，为世人所称道的人都能够做到淡泊，并把其当作自己一生的操守。

一提到三国，大部分的人都能想到诸葛亮，他是我国历史上著名的政治家、军事家，在辅佐刘备建立蜀汉政权几十年的戎马生涯中，从来都是不为私，不为己，一心为国，殚精竭虑的老忠诚的典型榜样。为蜀汉建立了卓越的功勋。尽管如此，他都能安之若素，不贪图享乐和权势，直至"鞠躬尽瘁，死而后已"。"非淡泊无以明志，非宁静无以致远"，真是他一生人格风范的绝佳写照。

钱钟书先生是我国当代中国学贯中西、博古通今的杰出文史大家，在世时以《围城》《管锥编》《谈艺录》《槐聚诗存》等著作享誉中外。杂文家舒展先生称他为"文化昆仑"。他却坚决反对地说："昆仑山把我压扁压死了。"这种美名有多少人都趋之唯恐不及，他却避之又避，不愿担当，只一味埋头专心做学问，难道这不是一种淡泊名利精神的体现吗？

人贵有淡泊之心。一声奋斗的名利财物，皆为身外之物。生不带来死不带走，即使你每时每刻都在不停息地去追求和索取它，也不会有满足的时候。同时，它还可能会给你带来无尽的坎坷和烦恼。有了淡泊心，在失败面前就不会灰心丧气；在成功面前就会不骄不躁，始终保持一种平和淡泊、乐观豁达的人生态度，才能用一种超然的心态对待眼前和将来所要面临的一切；有了淡泊心，就会不以物喜，不以己悲，不做世间功利的奴隶，也不为凡尘中各种搅扰、牵累、烦恼所左右，使自己的人生不断得以升华。才能在当今愈演愈烈的物欲和令人眼花缭乱、目迷神惑的世相百态面前神凝气静；有了淡泊心，就能做到"太行摧而不瞬，盛夏流金而不炎"，坚守自己的人生目标，才能抛开一切名缰利锁的束缚。让人性回归到本真状态，从而获得心灵的充实、丰富、自由、纯净……

看是外在的，看过则忘。这是一种达观淡泊的表现。真正的不为色相所迷惑，需要一颗无我度人的心；想是内在的，印在脑海。那个闭眼不观看表演又不捐赠的人，实则是与禅背道而驰的。

善待生命，善待活着的每一天

在我们平日的生活中，总能听到有人在那抱怨，都会说："这世界真是无奈与凄凉。"往往说这些话的人，是因为他们没有善待生命，确切地说没有善待自己生命中的每一天。

当你从睡眼朦胧的清晨醒来之际，一定学会告诉自己，"今天是个好日子"。然后起床、洗漱、吃早点，从出门的那一刻或许就会发现，快乐的心情来迎接每一天的开始，是件很幸福的事情，而且还会发现今天确实是个好日子，到处充满了欢笑。

人生苦短，快乐地度过每一天，每一天都将是生命中最美好的好日子。

有一位青年22岁的时候，因为跟别人产生了一些矛盾，后整日足不出户，觉得别人都不值得去信任，都是坏人，渐渐的情绪越来越低落，甚至有点对生活失去了信心。后来有一天，他觉得还是不甘，为什么我要这么不幸呢？于是去找了一位算命先生为自己占卜未来。算命先生告诉他，他的寿命只有45岁。就是因为这样的一句对他生命的预言，改变了这位年纪轻轻的青年人一生的命运。

从那天开始，这位青年不再怨天尤人，而是积极乐观地去面对生命中的每一天，他说："既然上天只给我45年的寿命，我已经活了22年，那么剩下的23年中，我要活出一些活法给那些曾经欺负我的人看看。让他们看看到底是我强还是他们强，于是为以后23年的人生进行了合理的安排。每一年他都做了计划，每一件事都做了充分的准备，整天为了自己既定的人生目标，昼夜忙碌着，和死神赛跑着。转眼23年过去了，他的每一项计划都成了现实，他成功了。然而到45岁生日的那天，他并没有死。后来他深有感触地说："如果每一个人一开始就能预先知道自己的寿命，那人们就知道自己还有多少事没有做。从终点往回走，这个世界一定会更好，这样，一定会有更多有成就的人出现。"

我们每个人都曾经信誓旦旦地说过自己将来一定要怎样怎样，但在夕阳落尽之时，又有多少人都在不停地追悔和抱怨。为什么会这样？原因很简单，就是因为每个人都数不清自己生命中究竟还有多少天；是因为看不出每天究竟有多长；是因为不知道生命终究是以天数来计算的。

有多少人能够仔细地计算过每一天的长度和宽度？又有多少人认真地估算过每一天在整个生命中的意义？生命的长度我们无法改变，但生命的宽度我可以拓展。当你在有生之年，每天都让自己充实一点点，增加一点点的完善时，那你整个生命中的充实和完善的高度就会提高很多，你的生命也就会被拓宽，而且还会得到延长。

"是日已过，命亦随减，如少水鱼，斯有何乐。当勤精进，如救头然，但念无常，慎勿放纵"。这时佛教徒们早晚课中都有的一首偈语。意思是：一天已经过去，生命也消失了一天，就像鱼儿离不来开水一样。因此天天都不能懒散，要充实而快乐度过每一天，这样到最后才不会后悔。

有位哲人曾说过："每一个人生命的时间是一定的，难以更改，你不快乐的时间多了，那么快乐的时间就一定少了。"所以我们每天一定要告诉自己，要充分利用好每一分钟，不管是为自己，还是为他人，都不应该有丝毫的懒怠。

其实，我们每个人每一天都是美好幸福的，所以要好好地享受生活中的每一天！享受快乐，享受幸福，享受人生……天天以一种轻松超脱的心态对待生活中的每一个人和每一件事。

快乐是一种心境、一种精神状态，是心理健康的表现。快乐还是一种积极的人生态度。如果每天都能够拥有快乐的心境，那么，爱情、工作、生活，一定是美丽、愉悦、幸福的。相反，每天都不知道珍惜时间和快乐，那么快乐的日子就会在这漫不经心中悄然逝去，那么你的人生将变得毫无价值，还有什么意义所在呢？

许许多多的一天组成了我们的一生，看起来很是漫长，实则谁都明白，人生苦短。因此我们更加有理由让自己过快乐的日子多一点，烦恼的日子少一点。善待每一天，把每一天都过好，你的一生也将是有滋有味的一生。即使生命终结时，也会很开心地对自己说："此生，足矣。"

08

放下狭隘，
助人为乐

　　日常生活中，每个人都会有些本性显现出来，比如：人性的自私、计较、狭隘，等等。只顾自己的所想所得，不管别人的想法，只求得自己的快乐；其实当别人都在痛苦当中，自己真的能独善其身，依旧很快乐吗？佛法有云："我不入地狱，谁入地狱！"在佛经里，以自己的放下，来成全他人的事例有很多，这种"但为众生的离苦，不为自己求安乐"的大慈大悲，不仅简简单单是一种宗教信仰，更是一种崇高的志向！在当下这个时代，我们不求一定要割肉刮骨、舍生取义来救助别人，但至少可以以宽广的胸怀来容纳别人，心中不仅仅有自己，他人的位置也应有所保留。

吝啬之人
难被爱敲门

从前，有名吝啬鬼，很富有，不但舍不得自己的东西与别人分享，对自己也很刻薄。整天吃粗茶淡饭、穿破衣烂衫。要是有朋友来家里做客吃饭，他就会提前几日不吃不喝，为朋友来吃喝的东西能尽量少浪费。不如自己就和自己过不去，就会心疼得要命。

这名吝啬鬼有个邻居，虽然钱财不是很多，但对待朋友很是大方，从不舍不得，自己在家也是天天吃鱼嚼肉。吝啬鬼看到后，心里也开始不平衡起来，觉得自己比这位邻居富有多了，为什么他每天的生活要比我好呢？那么多财宝，我还这么苦巴巴地紧着自己，这是何况呢？于是，他终于狠下心来决定大吃大喝一顿。杀了鸡，取了米，然后再一个人偷偷驾车去荒郊野岭解馋。

佛祖本就知道他是个吝啬鬼，忽见他今日这样反常，就决定和他开个玩笑。于是，佛祖摇身一变，变成了一条流浪狗来到了吝啬鬼的身边，转来转去讨食吃。吝啬鬼发现狗后恨不得把鸡骨头都吞进肚子里，怎么可能给狗吃呢。但狗一直都向着吝啬鬼摇头摆尾，口水一直不停地流啊流。

吝啬鬼实在无奈，就想着为难它一下，顺便给自己找个理由不给狗吃东西，于是说："你若能四脚朝天，在半空中停留片刻，那我就给你点吃的。"话音刚落，那条狗便腾空而起，四脚朝天。吝啬鬼被吓了一跳，没想到它真的可以做到，只好勉强地扯下一点鸡皮给狗吃，但这心里又是一万个不乐意，于是他接着说："这样吧，鸡皮我先给你留着。如果你能让你的两个眼珠掉下来，我就连皮带肉都给你吃。"

刚说完，只见狗的两个眼珠"啪！啪！"都掉在了地上。吝啬鬼开心极了，心想：这下好了！你没眼睛，就看不到我了，我就可以一个人独享美食了，于是端起饭盘和鸡，换了个地方，吃起了自己的美味。

他刚走远，佛祖变成了他的样子，赶着他的车子到了他家。进门后就吩咐家丁："不管是什么人，都给我撵出去，今天谁也不见。"还吩咐把所有的财产分给当地的穷人们。

等吝啬鬼吃完他的美味后，心满意足地回到原来的位置时，发现车子也没了，一下就着急坏了。四处寻找，终究没有找到，伤心欲绝地步行回家。刚到家门口，就被撵了出来，任凭怎么解释，自己的家丁都不承认他是本家的主人。还被乱棒打得半死。只好瘫坐在自家门口的栓马石上。这时，佛祖有变化为一位僧人，走到吝啬鬼面前，双手合十，问道："施主为何成了这般模样？"

"我被人戏弄了，家财也荡尽了。"吝啬鬼愣愣地说。

"这样子啊，施主，恕我直言，你还是不要那么拼命地攒钱，不舍得吃，不舍得布施给穷人，哪天离开人间，反倒成了饿死鬼。钱财乃身外之物，多了反而会给人带来很多烦恼和祸害。你说呢？"

佛祖的话让吝啬鬼如梦方醒。随后，佛祖把他的家产还给了他。至此，他一改往日的旧习，还时不时的救济那些需要帮助的人。

在我们生活中，像吝啬鬼这样的人也不少见，在他们看来："钱是我辛苦所得，为什么要拿给别人用呢？"这是因为他们不懂的一个道理。"帮助他人就是一种仁爱之心。就像一颗种子，不把握季节播种子，错过生长时机，再好的种子也开不出花，结不了果。

有一个人清早出门，看见有三位老者正坐在他家门口聊天，听了一会儿，觉得他们的话很有道理，于是决定请三位老者进屋坐，顺便自己也能学习一下。于是他走上前真心邀请，结果三位老者拒绝了。这个人感到很难理解。于是问老者原因。其中一位老者指着他的两位同伴说："他是财富，那个是成功，我是爱。你觉得我们哪个最重要，就请我们哪个进屋喝茶做客吧。"于是这个人想了想说："那就请爱进来吧。"爱老者刚进门，财富和成功两位老者也相继进了屋。这个人用很疑惑的表情看着财富和成功两位老者，财富老者看出了这个人的疑惑，于是给他解释到："我们俩人一直是跟着爱的，爱在哪里，哪里就有我财富和我的同伴成功。"

钱财本是身外之物，生不带来，死不带去。而财富往往是让人迷失本性的诱因之一。所以，佛家提倡布施，要求将钱财施舍给那些更需要的人。给需要的人布施就是将爱、将温暖带给他人，更是一种善行。因而，布施者常常能得到社会和他人的尊重和认可，这就会让他的事业愈发的顺利，财富更加的充足。

真正的善行
从不畏惧

从前，有个心地善良，经常行善积德的国王。他叫伯曳。

天帝释知道人间有这样一个国王后，很是担心。因为他心里很清楚，天帝释的地位不是终身制，不管你是谁都有机会称为天帝释，前提是一直坚持修善积德，修行到一定的程度，死后就能转生到天堂接替原来的天帝释。

现任的天帝释一天天的看着人间的那位国王行善，心里就越发害怕。总担心自己被替换下来。于是他决定破坏伯曳的行善功德。以便使自己的位置坐得更久一些。

一天，天帝释终于想出一个办法，他命令自己的一名手下变成一只兔子，告诉手下，他自己会变成一只凶猛的老虎，一直追赶兔子，让兔子一直被追到伯曳的面前祈求帮助。然后伯曳要是真的心地善良就一定会救兔子，然后答应天帝释的任何要求。只要答应了，天帝释就准备让伯曳的肉来代替。到时他必然会后悔，只要他后悔了，他的功德就会前功尽弃。

手下按照天帝释的要求变成了一只兔子。天帝释变成了一只老虎，开始了"追捕计划"。

伯曳正在户外练剑，只听见不远处一阵混乱，仔细看去，一只凶猛的老虎在追一只可怜的兔子。兔子东躲西闪，无路可逃，便一头扑到伯曳的脚下请求帮助。呼救道："请您救救我，老虎要吃我，救命！救命！"

伯曳安慰它说："不要害怕，我一定会救你。"

老虎随后扑了过来，对伯曳说："这只兔子是我的食物，你不能抢我的食物，不然我会饿死的。"

伯曳说："我是行善之人，救度一切众生是我应该做的，现在怎么可能见死不救呢？

老虎说："你若真救度一切众生，那我也是众生的一份子啊，今天我若不吃兔子，我就会被饿死。即使不吃兔子我也得吃其他的肉，而且这个肉必须是新鲜热肉，否则我饿死了，不也是众生里的一条性命没有了吗？"

伯曳听老虎这么说，心中暗感很是为难。本想随便找点肉打发了老虎了事，但没想到老虎只吃刚割的新鲜热肉。倘若为此而宰杀其他动物，那不就是为了救一命，又害了另一命，这怎么能行呢？思来想去，他决定从自己身上割一块肉来给老虎，以求老虎可以放过兔子。

伯曳想明白后对老虎说："今天你一定要吃到刚割的热肉，那我就割一块自己的肉给你吧！"

老虎暗自高兴，伯曳果然是自己当初想象的那样，既然这样，我就不客气了，但面子上还要过得去，不能很直白地要。于是他说："我也不是为难兔子，只是我要不吃肉我就会被饿死，但您执意要救兔子，我只能这么做，我只要你和兔子一样重量的肉就可以。这公平一些。"

伯曳听后说："可以！"于是让自己的侍者拿来一具天平。

伯曳把兔子放在天平的一侧，然后撩开衣服，忍着剧痛，从自己的左腿上割下了一块大致和兔子相等的肉，放在了天平的另一侧。

但天帝释施了法，天平放兔子的那一端，一直沉在一边，刚放肉的一端却高高地翘着。显然是肉重不够。

伯曳见状，连忙又割下自己的一块肉，但天平两端还是不平衡。加了一次又一次，伯曳两条腿上的肉都快要割完了，天平依旧没有平衡。伯曳无奈，既然答应，就一定要做到，于是开始继续割下自己胸脯、手臂上的肉往天平上放，一直到伯曳身上的肉快要割完了，天平还是没有平衡。伯曳着急了，使尽了全身唯一一点力气，把自己放到了天平上，然后昏厥了过去。

此时，天地震动，众神纷纷下凡，为伯曳的善行感动不已。

天帝释此时也恢复了原形，唤醒了伯曳，问他："你这么做善事，是为了什么呢？总有目的让你有这样的毅力一直坚持吧？"伯曳极其微弱而坚定地说："我一无所求，我只希望普度众生。言出必行是我的宗旨。"

天帝释接着问道："那你刚割自己全身肉的时候，肯定是相当痛苦的，那会儿你后悔吗？"

伯曳说："这有什么后悔的呢？既然都决定做了，就要执行，我一点也不后悔。"

天帝释这才明白，伯曳的行善只是为自己的言行做事。并不是自己想的行善是为了当下一届的天帝释，接替他的位置。为此天帝释感到万分的愧疚。原来是自己的心胸这么狭隘。

就在这时，伯曳的全身突然长出了新肉，和原来的体型一模一样，连个刀痕都看不见。

众神看到这种情形，无不为伯曳的高尚品德感到震惊，也为他得到新身而欢呼雀跃。

佛家子弟焚身、剁肉，以代众生受苦、救赎众生的记载在佛经里不胜枚举。千百年来这样的故事能够大肆弘扬，不是要误导人们焚身、剁肉，而是向世人昭示一种大慈大悲的宏愿和决心。

舍己也是利己
的大智慧

从前，有个人由于家境贫寒，迫于生计，便在一位商人那里做仆人。但他志行高洁，不合法的事、有悖于礼仪的事从来不做。

有一次，商人带着这位穷人和他的一些合作伙伴，出海采宝。事情很顺利，没下海几次他们就采到不少的宝贝，于是张帆返航。但就在返途的路上，船忽然停下来，怎么也走不动了。所有的商人惊恐万分，一个个心知肚明：肯定是这次入海采宝惹怒了海神。于是都赶紧跪在甲板上请求海神放他们一条生路。而那位穷人，知道自己平日里从不做亏心事，现在遇到这种事，也不惊恐。

船之所以开不动，确实是因为海神在作怪。但海神心里明白，那位穷人是好人，不能在惩罚那些亵渎自己的商人的时候而伤害到那位穷人。但他思来想去都不知道怎么办才好，一连几日过去了，海神终于想出了一个办法。

海神准备考验下那些商人，他们若要是能经得住考验，就放他们走，倘若经不住考验，那就惩罚他们。

船在海上停了整整5天了，要是再不能靠岸，他们就会活活死在船上。一个个急得跟什么似的。就在当天夜里，一位商人做了个梦，梦见海神和他说，只要把那个穷人送给他，就放他们走。第二天醒来后，他就把这个梦和其他的商人说了，没想到其他的商人都做了这同一个梦。于是他们决定找这位穷人商量这个事。正在他们商量如何和穷人商量这个事的时候，穷人已经听说了。于是穷人主动找到他们，对他们说："好吧，大家把我送给海神吧，不要因为我的存在而连累大家。"

商人们听了很是开心，不仅少了麻烦，还解决了问题。于是他们很费劲地给穷人扎了一条小木筏，还在木筏上放了一些水和一些粮食，让穷人上了木筏之后，船果然能动了，于是起航扬长而去。

海神见到这种情况，愤怒不已，随即卷起一股大浪把商人们的船打翻了，使他们一个个葬身海洋中；同时，又吹起一股顺风，协助穷人顺利到了岸。

俗话说，"善有善报，恶有恶报"一点都不假。其实在我们平时的日常往来中，帮助他人就是在帮助自己。

类似这样的故事，佛经中也有：

有一个很富有的人，名叫尚维。他很信奉佛教，在他的人生理念里："世上的万物，都是变化不定的，生命、财产更不会永远属于自己。唯有做好事，累积功德才是真正的有所得。"

有天，尚维想着为人们做点什么，但又想不出具体做什么，就想着把自己的钱财分给大家，也许大家就可以想做什么做什么了。于是他贴了告示，告诉大家：只要有需要，不管是谁，需要钱财可以随时都来他那领取。

告示贴出数月，也不见有人来领取。后来转念他才想明白，当时政通人和、国泰民安，谁也不需要他的钱。于是他又想："既然大家并不需要钱，但在生活中难免会有个头疼脑热，买些药材给百姓治病应该是可以行得通。"

于是尚维就四处采购各种名贵药材，天天都在市场上为乡人免费供应药材。

他的善心很是受到大家的称赞，没过多久，尚维的名声就传遍了四方，有的病人不远千里，都慕名前来接受治疗。

日复一日，年复一年，尚维的财产渐渐地也用尽了，但他依旧没有放弃，照样四处为病人采药、找药。有天，在他离家采药返回的路上碰到几个前来寻他救命的人。他们的病，需要花费很多的钱财，但尚维已经没有那么多钱了，于是向国王借了几辆牛车，车上都是600两为病人治病要用的黄金。直至他们痊愈。但尚维却欠下大量的债，过着窘迫的日子。

当时好多商人为了赚钱，都结伴下海去捞海底的珍宝。于是尚维也想去试试，好再挣些钱可以继续为乡人治病。

功夫不负有心人，经过大家的努力都得到了不少宝物，于是兴高采烈地返乡。一路颠簸，劳累极了，尚维都舍不得住客栈休息，想着把省下来的钱回去给乡人治病。因天气干旱少水，每个人都干渴难忍。后来在不远处大家发现了一口井，大家纷纷拥上去喝水。那些商人早已在一路发现尚维采的海中宝物里，有一颗灿烂夺目的大白珍珠，也算是世上稀有的宝贝，他们看着很眼馋，个个都希望能占为己有。趁着尚维也在喝水，有几个人心生一计，在尚维井边弯腰喝水时将尚维推下了井。

尚维的善行，早已感动了菩萨，就在这危难的时刻，菩萨在井底接住了尚维，使他安然无恙，只是连日的辛劳外加惊吓尚维晕了过去。

那些商人得了宝贝于是回国面见国王，想将这稀世珍宝献给国王，讨些好处。国王见了珍珠很是开心，于是封赏了他们。就在这时国王觉得很奇怪，一直没有见到尚维，便问道那些商人，尚维的去向，他们一个个心虚的都不敢怎么言语，支支吾吾的也答复不出什么。国王很生气，那些商人见状就对国王说："我们也不知道。那天离开国境后，尚维就与我们分道扬镳了，去哪了，真不是很清楚。"但国王还是有些疑心，但又不知道如何查明。这事就搁浅了。

向来好人有好报，尚维晕厥在井底后，菩萨把他放在了一个洞里，正好是可以通往井外的一条路。走出洞口后，又经过数日的跋涉，终于回到自己的国家。

国王见到他，很是开心。一时的高兴也忘记问他为什么回来这么晚。只问了为什么大家都满载而归，他却两手空空，是不是因为和大家走的路不同，没有找到宝贝。

尚维含糊地说："发现了宝物，只是在和大家返回的路上有点别的事情，正好需要钱财，我就用了那些宝贝。"

国王听了他的话起了疑心，那些商人分明说他们一出国境就分开了，此时尚维却说是和大家一起回来的，只是半路有事耽误，晚回几日。

随即国王找来那些商人问清楚："你们必须从实招来才有活路，不然必死无疑。"

商人们吓坏了，便老老实实地招了供。

国王听说他们在归途上谋害尚维很是生气，便下令把他们统统关进牢房，次日砍头。尚维闻讯后，焦虑万分，急忙来到王宫，请求国王原谅他们的愚昧无知。"

国王经不住尚维的再三请求，便答应了他，赦免了商人们的罪过。最后要求他们归还尚维的宝物。

商人们感激涕流，都拣了自己最好的宝物送给尚维。但尚维也只取了一半。

商人们见尚维如此善心，不仅保全他们的性命。还不求回报，于是都很感慨，都把所有的宝物纷纷献给了尚维，请他务必收下。

尚维再三拒收，经不住那些商人们的恳请，就只好收下了那些宝物，将这些钱还清了国王的债，又继续为老百姓采购药材。

邻国闻说，皆交口称赞，无不佩服尚维的崇高道德。

舍己的智慧是佛家中众多智慧之一。"以他人之乐为乐，以他人之苦为苦"，个人的私利和小我的局限，都不会影响到这种大智慧。我们的道德修养有限，自然无法达到佛的境界，但我们可以向那个目标努力。人人为我的前提，一定是"我为人人"。

知他人之喜忧，
不虚度此生

黄蘖禅师自幼出家为僧，一次游走的路上碰到了一个举止不凡的僧人，两人一见如故，很快就熟络起来，谈笑着同行。

他们走到一条大河前面，恰好刚下过大雨，河水暴涨。黄蘖禅师说："那咱们只好绕道过河了。"僧人不以为然地说："不用那么麻烦好不好？直接走过去不就可以了？"黄蘖禅师疑惑地问："河水这么深，怎么能走过去呢？"

那位僧人卷起裤脚走进河中，汹涌的河水奔腾着，但却只没到了他的脚跟，他就和在平地上行走没什么两样。

僧人边走边回过头喊黄蘖："来呀！来呀！走过来吧。"

黄蘖禅师站在原地大声叫骂道："你这自私的小乘自了汉，早知道你是有法术的小乘教徒，我一定会把你的脚跟砍断。"

那僧人被他的骂声所感动，说道："你真是位大乘的法器，看来我不如你啊！"

说着，便消失了。

在佛教中，分大乘佛法和小乘佛法两种，小乘重在自己得道解脱，大乘重在帮助他人解脱。得道的小乘圣者是不及刚刚起心的大乘行者。自己未度，却能先度人，这才是真正的菩萨心肠。

小乘圣者有法术，我们多半的人定会羡慕不已，但黄蘖禅师却训斥了他，难怪小乘圣者感动，自愧不如黄蘖禅师。

在我们日常生活中，大乘就是不图回报帮助他人。下面的故事会让你更真实地领会到大乘的真意。

一个雨后的清晨，妈妈送孩子上学，然后在沿路的一家快餐店吃早餐。桌子上胡乱地扔着前面客人吃剩的薯条和纸杯、盒子等杂物。

母子俩正准备点单时，进来一位微驼着背，上衣很破烂的老人。他缓慢地走向一张还没有收拾的桌子，细心寻找残羹剩菜。

孩子看见老人拿起一块别人吃剩的薯条放进嘴里，就悄声对妈妈说："妈妈，那人吃别人剩下的东西！""哦，宝贝，他饿极了，又没有钱等下我们帮他买个汉堡好不好？"母亲压低声音和儿子说道。

当母子俩从服务员手上接过他们要的两袋外卖食品时，孩子伸手从食品袋里拿出一个汉堡包，咬了一小小口，然后跑到老人的面前，把汉堡包放在了他坐的桌子上。

老人一脸惊讶，满怀感激地看着孩子然后转身消失。

不虚度此生，除了为他人、为社会作贡献，拯救一颗破碎的心，也是一件很有意义的事情；不虚度此生，不一定要做多么轰轰烈烈的事，帮他人减轻痛苦，抚慰他人的创伤，将不小心掉下巢穴的幼鸟放回巢里，同样也可以视为有意义的事，也没有虚度此生。

有个小和尚总是怕麻烦师父，即使有问题了也迟迟不敢再问。一天他实在憋不住了就对师父说："师父，您知道吗？您给我的答案我又忘记了。我一直以来都想再向您请教，但又想想总是这么麻烦您，我就不敢再去了！"

师父和蔼地对他说："你帮我先去点燃一盏油灯。"

小和尚照做了。

师父接着又说："再多取几盏油灯来，然后用第一盏灯去一一把那些刚取来的油灯点燃。"

小和尚也照着做了。

然后师父对他说："你看到没？其他的灯都是由第一盏灯点燃，但你看第一盏灯的光芒有损失吗？"

"没有啊！"小和尚回答。

"所以呀，我也不会有丝毫的损失啊，你随时都可以来找我的。"师父摸着小和尚的头亲切地说。

一盏灯点燃另一盏灯，自身的光芒也无损。一个内心阳光的人，能照亮别人的心，自己也只会变得更加明澈，而不会有任何的损失；自己的知识与他人分享，自己只会变得更加通达。当我们将自己所拥有的财富与他人分享时，很多时候不但不会有损失，反而会有更大的喜乐和满足产生。即使有些小损失也无济于世，因为你的收获远远大于了你的付出。所谓的，"爱出者爱返，福往者福来"，便是这个道理。

战国时，齐国孟尝君是有名的养士相国。他待士向来都很真诚，有个具有真才实学而十分落魄的士人，叫冯谖很受他的感动于是决心终身为他效力。一次孟尝君想派人去其封地薛邑讨债，问谁敢去，冯谖二话不说就答应了，临走时只是问了一句："催讨回来的钱，需如何处置？"孟尝君说："你看着家里缺什么就买点什么吧！"

冯谖领命而去，到了薛邑后，当地老百姓的生活穷困潦倒，大家得知他的到来均啧啧有怨言。于是，他召集了邑中所有老百姓，对大家说："孟尝君得知这里的百姓生活困苦，我是特意被派来告诉大家以前的欠债一律作废，利息也免了，孟尝君还让我把债券带来了，今天当着大伙儿的面，烧毁它，从今以后，没有任何债务！"说着，冯谖果真点起一把火，把所有债券当众烧毁。薛邑的百姓没有想到孟尝君是个如此仁义的人，无不感激涕零。

冯谖回来后，孟尝君问他讨回钱财的去处时，冯谖说："不但钱没有讨回来，借债的债券也烧掉了。"孟尝君听后很是不高兴。冯谖就对他说："您不要不高兴，那点钱对我们来说一点都不算什么，同时您不是叫我买家中没有的东西回来吗？我就给您买了回来。"

孟尝君疑惑地问道："什么东西呢？"

冯谖说："那就是'义'啊。焚券示义，这对您收归民心是一批数不尽的财富呢！"

果然，数年后，孟尝君被人潜谮，相国不保，只有他的封地薛邑可回。薛邑的百姓听说孟尝君回来了，恩公回来了呀，全城出动，夹道欢迎，无不表示坚决拥护他，跟着他走。孟尝君至为感动不已，至此真正体会到冯谖当时说的"市义"的苦心。这就叫"好与者，必多取"，意思是说："小的损失可以换取大的利益。"

　　佛家讲无私的奉献，在点亮他人的灯的时候，自己会变得更加明澈。不可能所有的人都能达到这个境界，但我们至少明白，"爱出者爱返，福往者福来"的道理。有了付出才会有回报。在这个世界上"没有无回报的付出，也没有无付出的回报"。

莫失小节，
勿伤大雅

宽德禅师有很多的弟子，在众多弟子中有一个总是不能认真参禅打坐，领悟禅理。经常趁晚上的时间，偷偷爬过院墙去外面游玩儿，刚开始宽德禅师对此事也一无所知。

直到一天晚上，宽德禅师四处巡视，发现墙角有一只高脚凳子，墙角有凳子，肯定有原因在这里，仔细想想，应该是有人外出或者外面的人从这里进去，于是禅师没有惊动任何人，只是自己顺手把凳子移开，然后自己站在原来放凳子的地方，等待结果。

深夜出外游玩儿的学僧以为还像往日一样，神不知鬼不觉地平安回来了，得意洋洋地哼着小调兴冲冲地，依旧还像往常一样，跳上围墙，踩着"凳子"进了禅院。刚下来就觉得不对劲！今天的"凳子"怎么这么软，还有些不稳呢？回头一看，师父在那里，他刚刚是踩着师父的头下来的！

学僧惊惶失措，深怕师父责骂。吓得一声也不敢出。

然而宽德禅师就像什么事都没有发生过一样，微笑着对学僧说："夜深气重，别感冒了，赶快回去多穿一件衣服吧。明日的早课一定不要迟到啊！"说完就向自己的卧室方向走了。

事后，宽德禅师对这件事情绝口不谈，整个禅院也没有一个人知道这件事。

从此以后，全寺100多位学僧都认真学禅，再也没有一位学僧偷偷出去游玩儿了。

每个人都会犯错，对于别人的错误，有时候严厉的斥责并不是最聪明的办法，也许此时无声胜有声，顺其自然会有意想不到的更好地效果产生。

有位姑娘因为家境贫寒，年龄很小就退学了，费了好大的劲才找到一份在高级珠宝店当售货员的工作。在圣诞节的前一天，店里来了一个30岁左右的顾客，衣着破旧，满脸哀愁，样子看上去不像是有钱人，而且他还用一种不可企及的目光盯着那些高级首饰。这让这位姑娘很不安。

说来也巧，就在这会儿，店里的电话响了，姑娘一着急就不小心把一个碟子碰翻，6枚精美绝伦的钻石戒指散落在了地上。她很慌忙地捡起了其中的5枚，但第6枚怎么找也找不到了。就在这会儿，她看到刚才那位30岁左右的男子正向门口走去，姑娘顿时意识到戒指被他拿走了。

当那位男子正要开门走人时，姑娘柔声地叫道：

"对不起，先生！"

那位男子便转身过来，两人相视无言。

然后男人先开口："什么事？"男人问，他脸上的肌肉都在抽搐，再次问道："什么事？"

"先生，这是我的头一份工作，家里贫寒得很，这份工作是我很不容易才得到的，想必您肯定有过这样的感触，是不是？"姑娘神色黯然地说。

男子久久地审视着姑娘，终于一丝微笑浮现在男子的脸上。他说："是的，确实是这样。但是我能肯定，你可以在这里干得很不错。我可以为你祝福吗？"他向前一步，把手伸给姑娘。

"谢谢您的祝福。"姑娘立刻也伸出手，两只手很友好地握在了一起。姑娘用十分柔和地声音说："我也祝您好运，先生！"

　　然后男人转过身，走出门口。姑娘一直目送他的身影消失在门外，才转身走到柜台，然后把手中握着的那第6枚戒指放回了原处。

　　"巧用暗示，两全其美"。遇到刚才这种事，一般来说，即使不大喊抓贼，也会很着急而严厉地质问对方，执意追查。但那位姑娘并没这样鲁莽地去处理，而是彬彬有礼，巧用暗示，很照顾对方的情面。圆满地挽救回自己丢失的戒指。物品可以保全，工作也可以保全，同时那位男子也免受警察的盘问，以及很有可能的牢狱之灾。那男子也很珍惜这没有露丑丢脸的时机，非常体面地改正了自己的错误。

　　真正聪明人的是不会"失小节，伤大雅"的。在我们平日的人际交往中，能照顾到他人的面子也是一种礼节，更是一种风度；是一种教养，更是一种胸怀。虽然表面上看起来自己是吃亏了，其实你的收获远远大于此。

有个人有个爱好就是收藏古董，一日，他请了方能禅师来家里做客，并将自己珍藏的古董一件件拿出来与方能禅师展示，同时也在不断地询问方能禅师的看法。禅师看后说："这些古董是些宝贝呀，我看了真是喜欢，更很开心，但让我更开心的是，我也有三件古董，第一个是盘古氏开天辟地的石块；第二个是宋朝时期大臣吃饭的饭碗；最后一个是得道高僧用过的万年拐杖。如果这些宝贝放在一起，想必一定会更加增添你这些古董的光彩。"

这个人一听高兴极了，连忙说道："那太好了，谢谢禅师呀！那一件要多少钱呢？"

方能禅师说道："不用谢的，每件宝贝只要1000两银子。"

这个人一听觉得有些贵，但还是觉得这三件古董价值很高，于是决定花3000两银子买下，随后让自己的家丁跟随方能禅师取回古董。

方能禅师刚回到寺院就对弟子说："把抵门的那块石头拿回来，还有喂狗的那个石碗，还有那个去年小沙弥为我做的那根拐杖，都拿过来让来的人带回去。"

那个人的家丁将这三件东西拿给了主人，并说明了这三样东西的来处，这个人很是生气，于是跑去寺院找方能禅师理论，方能禅师和颜悦色地开示说："眼下苍生长期处在饥荒时候，一日三餐都不能保证，你怎么还有心思在欣赏古董呢？所以我将你的3000两银子拿去救济贫民了，这也是替你做功德，这样的价值可远远比那些古董宝贵多了。"

那个人听了，除惭愧之外，更多的是佩服禅师的智能与慈悲。

禅不只是谈论哲学和理论，禅是艺术的生活、是超越的本心，更是一种广博的爱心善念。

每个人都有爱和被爱的相互责任，爱他就是要帮助、支持他。

她舍弃了财富和舒适的生活，去追寻她心中深刻的需求。去照顾千千万万个需要帮助的人，去分担他们在临近死亡边缘时所经受的那种绝望和恐惧。她就是我们今天所熟悉、敬仰的"白衣天使"之母——南丁格尔。

天主教神父达米安抛弃了原有文明社会的一切，去帮助夏威夷莫洛凯岛上的麻风病人，这博爱的精神该如何去表达？他与教会的官僚体系奋战不止，为他的教区人民争取补给品，最后不幸的是他自己也患了麻风病，直至死在他所爱的和他一起生活的人群当中。

甘地一生追求自由。他不流血的革命理论和实践，最终使印度人摆脱了帝国主义英国的殖民统治。当别人一再要求他写下自己的生平回忆时，他给出的话是："我的生平就是我的信息。"

这些伟人都是把个人力量化为了爱，无疑不是历史的典范。

夏日的一个黄昏，丽华和几个朋友在一家清雅的酒店里，一边喝酒一边闲聊。透过玻璃窗，她看见街头有位小女孩正提着一篮子玫瑰花，四处向人兜售。

夜幕降临，霓虹闪烁，丽华和她的朋友们只顾喝酒，谁都没注意到那位小女孩什么时候站在了酒店的门口。小女孩面目清秀，但却布满了无限的忧愁和焦虑。说着很蹩脚的普通话，怯怯地问："老板，我想要一份蛋炒饭，可不可以？"

正在为丽华和她的朋友们搭讪的老板转过头，看了看她。小女孩变得更加羞涩起来，双手不停地揪着衣角，也不敢言语。

"当然可以，你快进来坐吧！"老板语音刚落，小女孩就语无伦次地说："不，不，不，您把米饭帮我盛在方便袋里就好了。"

丽华和她的朋友们停止了谈笑。只见老板笑盈盈地说："没关系的，你还是坐下来等等吧。"哪知小女孩说什么都不肯坐下来。一直站到老板帮她打点好的方便袋递给她。小女孩接过蛋炒饭很是感激，然后匆匆忙忙走出了店。临走时，她高兴地付了两元钱。

其实，谁都清楚，在这物价飞涨的年代，蛋炒饭肯定不止卖两元钱。丽华把老板叫了过来一问究竟，这里面肯定有原因。结果老板说："其实我也不知道是什么原因让这位小女孩看上去是那么的焦虑和无助，但我知道肯定是有亲戚需要她来照顾，这些天来，我一直都在关注她，她一直在这个广场周围卖花，来买蛋炒饭却是头一次。所以我想，她肯定有她的不容易。于是刚刚给她的蛋炒饭是两份，却只收两元。"

平时吃饭的时候，有时也会遇到这样的情形，衣衫褴褛的小孩到饭店买饭，店员们常常是不予理睬，有的甚至直接往外轰。像这位面容安详、气质儒雅的老板让丽华和她的朋友们不由得敬重与感动。

就在这会儿，老板突然一拍脑门，说："哎呀，不好，我忘记给她筷子了。"坐在丽华旁边的一位女生说："我正好对那个小女孩很感兴趣就让我去送给她吧！"原来老板说这些事的时候周围的人都在听。

在广场的一角，刚刚那位女生找到了那个卖花的小女孩，小女孩的身边还有一个灰头土脸的妇人，神色黯然地看着刚刚去送筷子的女生。只见小女孩一只抓满米饭的小手停在了妇人的嘴旁。见她们开始拘谨，送筷子的女生连忙说："我是来给你们送筷子的。"

小女孩说了声谢谢。送筷子的女生看上去还想说几句什么，但却欲言又止了，从小女孩和那妇人的长相看，她们应该是一对母女。

送筷子的女生临走时，女孩浅浅地笑着递给她一朵玫瑰花，说是要她帮忙把花送给饭店老板。

在小女孩的眼里，饭店老板的热情，不仅仅是一念小小的善心，更多的则是对他人的一种尊重。

受人滴水，报以涌泉。送人玫瑰，手留余香。

那是个多美的黄昏，世间充满了感激。小女孩的笑如玫瑰一样美美地绽放在每个人的心里。让我们懂得了有一种芬芳仅用一朵玫瑰就可以穿越红尘中无情的空间与有情的心灵。

帮助别人，很多时候其实并不需要我们作出多大的举动，更不会让你倾家荡产，也许只需要你伸出双手拥抱一下哭泣的人儿；也许只需要你伸出一只温暖的手拉上一把脆弱的小手；也或许只需要给冻得瑟瑟的蹲在角落里的人披上一件棉衣。如果每个人都能时刻帮助他人的爱心，那我们的世界就是真正的天堂。

阳光能照耀的 远不止一个人

有个富人，他的妻子不幸身亡，为了让亡妻能够早日超度，他请来了南无禅师到家中给他的亡妻诵经超度。佛事完毕以后，富人问禅师："您觉得我太太能从这次佛事中得到利益吗？"

南无禅师说："那是自然！佛法普照，犹如阳光洒落，不仅仅是你太太可以得到利益，众生有情者都可以得到利益。"

富人一听不满地说："我太太是个十分娇弱的人，其他众生要是和她分享利益，她怎么也争不过他们的，会把她的功德夺去。您能否只为她诵经超度，不要给其他的众生超度啊。"

南无禅师听了富人的话，感到富人是个极其自私的人，但依旧慈悲地开导富人说："修持法门有个很好的办法，回转自己的功德以趋向他人，使每一个众生均能沾法受益。这里的'回向'就是指有回事向理。回因向果、回小向大的内容，就像一光不是只照耀一个人；一光还可以照耀大众，就像天上太阳虽然只有一个，但万物都能照耀；一粒种子可以生长出万千个果实，你应该像种子一般，用你的善心点燃一根蜡烛，去引燃千千万万支的蜡烛，这样光亮不仅增加百千万倍，你点燃的那一支蜡烛，也不会因为这个原因而减少亮光。如果每个人都能抱有这样的观念，那我们看似微小的自身，也能常常会因千千万万人的回向，而让我们自己蒙受很多的功德，如此，何乐而不为呢？所以，故我们更应该平等地看待一切众生！"

富人听后似乎明白些什么，又似乎不甘心，然后对禅师说："这个教义不错，但还是要请大师破个例。因为我有位邻居老赵，他总是欺负我，总是想着害我，这众生里面能不能把他除外呢？"

南无禅师严厉地说："既然都说了是一切众生了，他也是其中一员，又怎么能除外呢？"富人听后茫然，若有所失。

一缕阳光，不仅要给你的亲人温暖，还需要给你的敌人；不仅要给你的熟人，还要给陌生人。下面有两个关于陌生人的小故事，读完之后你会发现帮助别人的意义。

有个在越南打仗的士兵马上就要退伍了，可以回家了。于是欣喜地给父母打电话说这件事。父母接到这个消息很是开心，并希望日子越近越好。同时这名士兵还和他的父母说了另外一件事，同他回家的还有一位战友。希望得到家里人的同意。这位战士的父母也同意了。就在这会儿，这位战士还告诉了父母，同他一起回来的这位战友是个孤儿，所以要是回到家就长期和自己的家人生活在一起。这位战士的父母也同意了。但当他的父母听儿子说这位战友失去了一条腿和一只手臂的消息时，他的父母却迟疑了，家里建议这位残疾的战友自己设法解决自己的生活问题。说只剩下一条腿和一只手臂的人，将造成家人的沉重负担。这个战士听完父母的意见后挂了电话。没过几天，这位战士的父母又接到部队和警察的电话，说他们的儿子自杀了，要他们去认尸。当他们看到自己儿子的时候，当场差点晕过去，因为他们看到自己的儿子少了一条腿和一只手臂。

有位女子在海边散步，忽然发现海上有一艘私人帆船遇到困难，情况看上去很危急，于是立刻和当地的救难人员取得了联系，请求支援。当这艘私人帆船安全救上岸时，这位女士发现自己的丈夫竟然也在船上。

　　每个人的心底总会有或多或少的私心，往往就是因为这些私心阻碍了我们去帮助他人。所以，参禅的目的就是让众生都能够将这些私心换成博爱之心，以普度众生、济世救人的心态去感受生活。此时你会发现，世界比你想象得会美好很多。

[助人 更助己]

有兄弟三人，虽不是出家之人，但却特别喜好参禅打坐，还经常跟不远处的一座寺院里的禅师学禅。一天三兄弟觉得应该追求更高的悟境，所以相约准备一同外出云游。

这天，天色渐渐暗下来，兄弟三人便借宿于一个村庄，正巧这户人家的男主人刚去世不久，妇人独自带七个子女生活，日子看上去过得紧巴巴的。

第二天清晨，兄弟三人正准备出发时，三人中最小的弟弟却反悔了，准备留下来。两位哥哥听弟弟这么说很是不高兴，都觉得他太没志气了，外出游走才走了不到一半的路程，遇到一个寡妇就动了凡心，于是决定任由他去，兄弟二人便留下了弟弟，二人继续前行。

寡妇独自一人抚育7个年幼的孩子确实很不容易，这弟弟自愿留下来帮助她，自然很是开心。又见弟弟一表人才，妇人表示愿意以身相许。三弟听后没有直言拒绝，只是说："孩子们的爸爸刚刚离世，内心一定会很痛苦，如若见妈妈再改嫁他人，会觉得他们没人教养了。内心会更加痛苦；同时对你而言，丈夫刚刚去世就再婚，乡里乡亲也会对你有看法，你还是先为你的丈夫守孝三年再谈婚事吧。"妇人一听，觉得弟弟很是会为他人着想，心底更加敬重这位弟弟。

三年以后，妇人再次提出了结婚说法，弟弟说："你已经尽了妇道，为亡夫守孝三年，足以见得你是个好妇人，如此，我也应该向你学习，不能对不起你的亡夫，我也为你的亡夫守孝三年吧！"妇人觉得弟弟的话很是在理，于是这事就没有再提。

3年后，妇人再次提出要结婚的事情，弟弟再度婉言拒绝道："为了我们以后能更加幸福美满，无愧于心，你我二人都各自为你的亡夫守了三年的孝，既然我们准备共同生活，我们二人就是一家人，既是一家人，就更应该共同为我们的亲人守孝三年！"

如此三年、三年再三年，九年过去了，这一家最小的儿子女儿都已经长大。弟弟见他助人的心愿已完成，就向妇人说明了自己当年留下来的初衷以及矢志求佛的决心。之后就与这家人一一道别，独自踏上了继续求佛的漫漫长路。

不管是僧人还是凡人，有的虽然对参静品禅心道下足了工夫，但最终参不透禅的真谛，因为在他们的心中缺乏一颗度人的心，这样只是单一的寻求自己解脱怎能悟到禅的真谛？要明白一个很简单的道理，帮助他人，在很大程度上就是在帮助自己。

陀思妥耶夫斯基在二十多岁的时候写了一个中篇小说叫《穷人》，当时因为他是学工程专业的，也就是说一个纯粹的理科生来写小说，这让他有些担心，但对文学的喜爱，让他鼓起了勇气把稿子投给《祖国纪事》的编辑部。

编辑部的格利罗维奇和涅克拉索夫在第二天的傍晚时分收到了稿子，并开始阅读，十多页过去了，继续再看十多页，然后再继续看十多页，就这样一个十多页接一个十多页的看到了第二日黎明的到来。

当小说阅读完之后，两人再也无法抑制住激动的心情，实在来不及休息，就匆忙查了陀思妥耶夫斯基住所的地址，向他家奔去。门打开的那一瞬间，格利罗维奇扑似的过去把陀思妥耶夫斯基紧紧抱住并流出了眼泪。就连性格孤僻内向的涅克拉索夫，此刻也无法掩饰自己内心的激动。他们俩人告诉陀思妥耶夫斯基这个年轻人，《穷人》这部作品很是出色，一定不要放弃文学创作这条道路。

从陀思妥耶夫斯基家出来之后，格利罗维奇和涅克拉索夫又把《穷人》拿给著名文艺评论家别林斯基看，并对他说："新的果戈理出现了，新的果戈理诞生了！"别林斯基刚开始不以为然地对他们两个人说："你们以为果戈理是蘑菇啊，可以长得那么快还一样长啊！"格利罗维奇和涅克拉索夫俩人相对一笑："说好吧，等你看完后我们在一起欢庆。我们敢和您打赌，您一样会像我们这样疯狂的。"事实就像格利罗维奇和涅克拉索夫两个人的预言那样，当别林斯基读完这部小说后，激动得语无伦次，眼睛瞪着陌生的陀思妥耶夫斯基说："你知道你写的是什么吗？你了解自己吗？"陀思妥耶夫斯基面对别林斯基的问话，一时间不知道该如何回答。静静地看着别林斯基。当别林斯基平静下来后对陀思妥耶夫斯基这个年轻的小伙儿说："你将会成为一个伟大的作家。"

陀思妥耶夫斯基腼腆地说："你们都太好了，感谢你们对我如此高的评价，以及对我作品的欣赏。我一定要无愧于这些赞扬，我要勤奋、努力成为像你们一样高尚而有才华的人！"此后，陀思妥耶夫斯基又写了许多大量的优秀小说作品，成为了俄国19世纪经典作家，被誉为西方现代派"鼻祖"。

格利罗维奇、涅克拉索夫、别林斯基三人都是因他们各自的成就赢得了人们的尊敬，但令人们更加尊敬的是，他们"腾出一只手"，托举了另一个陌生人。而且从一开始，他们就预料到这个年轻人的光芒将盖过他们自己，但圣洁的他们连想都没想就伸出了自己的手去帮助这个所谓的年轻人。

肯牺牲自己的利益而"腾出一只手"给别人的人，必然受到他人的尊重。生活中还有很多能够"腾出一只手"而默默无闻的人，但不是每一个人都能像陀思妥耶夫斯基那样成为"不可替代的花朵"。但我们这里提的是，不是所有的人都敢于"腾出一只手"把自己的利益分享与他人。重要的是这个过程，而不是这个结果；不论被托举者最后是否有成就，也不论自己能否得到回报，都不影响这个决定，这种博爱的价值胜过千万两黄金。

坚韧不拔，刻苦修行不是真正的禅心，只能说是修禅必不可少的要素之一。真正的禅心还能"腾出一只手"救度他人。给卑微者以赞扬，给狂妄者以规劝，给忧伤者以安慰，给绝望者以点拨和鼓励，等等。这样，即使你不花一分钱都可以帮助到他人，说不定可以改变一个人的一生，这样的功德何乐而不为呢。